ALFA ROMEO

JAHRBUCH NR. 3

HEEL

IMPRESSUM

HEEL Verlag GmbH
Gut Pottscheidt · 53639 Königswinter
Tel.: 02223/9230-0 · Fax: 02223/923026
info@heel-verlag.de · www.heel-verlag.de

Chefredakteur: Jörg Walz
Redaktion: Dino Damiano, Christina Herzog, Christine Horn

Text: Christian Danner, Wolfgang Egger, Robert J. Heinrich, Elvira Ruocco, Christian Schön, Thomas Voigt

Foto: Centro Storico Alfa Romeo, Friedemann Bock, Kuni, Rainer W. Schlegelmilch, Gerhard D. Wagner, Annette Walz

Illustration: Dietrich Hahn

Satz & Layout: ArtWork Schumacher, Königswinter
Lithografie: Petra Hammermann, ARTCOM, Königswinter
Druck & Verarbeitung: Koelblin-Fortuna-Druck, Baden-Baden

Alle Angaben ohne Gewähr

Printed and bound in Germany

ISBN 3-89880-110-1

Inhalt

JAHRBUCH NR. 3

Vorwort

Model Christina Surer mit Schauspielerin Eve Scheer

GTA-Eigner und Fünffach-F1-Champion Michael Schumacher

Katharina König mit Musiker Joey Kelly

Eine Herzensangelegenheit

Claus Theo Gärtner alias Detektiv Josef Matula („Ein Fall für Zwei")

In den 80er-Jahren warb Alfa Romeo mit dem „Virus Alfa". Und tatsächlich hat diese Marke einen Anziehungskraft, die Dich – wenn Du erst einmal damit in Verbindung gekommen bist – nicht mehr los lässt. Zahlreiche Alfisti wissen ganz genau, wovon ich spreche ...

Auch ich bin diesem „Virus Alfa" verfallen. Seit jeher. Noch in den Anfängen meiner Schauspielerlaufbahn tauschte ich die typischen, verschlissenen „Kisten" der 68er Generation gegen einen wahren Traumwagen, einen „Bertone" GTV. Dem kernigen Zweiliter mit seinen beiden oben liegenden Nockenwellen und den Doppelvergasern folgten seitdem eine ganze Reihe von sportlichen Mailändern. So war es denn für mich auch selbstverständlich, meine Filmrollen mit den charaktervollen Automobilen zu bereichern. Welches andere Auto hätte denn ein wahrer Individualist wie der Fernsehdetektiv Matula fahren können, als einen Alfa?

Seit 1979, dem Beginn der ZDF-Fernsehserie „Ein Fall für Zwei", ist „Josef Matula" treuer Alfista.

Musiker Helmut Zerlett im Fernseh-Interview

Schauspieler Arthur Brauss mit TV-Moderatorin Maren Braun

Schauspielerin Esther Schweins mit Patrick Simon

Der Giulia folgten Giulietta, Alfa 75, Alfa 155 und Alfa 156. Einen kurzzeitigen Fehltritt entschuldigte die Zuschauerschar, wenn auch zähneknirschend.

Noch heute besitze ich eine der drei weißen Giulias, die wir einst als „Spielfahrzeug" bei den Dreharbeiten verwendeten und habe jedes Mal wieder richtig Spaß, wenn ich hinter das Lenkrad steige.

Gern erinnere ich mich auch an die Rennschlachten, die ich mit dem Alfa 75 beim Langstreckenpokal auf der Nürburgring-Nordschleife erleben durfte. Sie sind eine Facette in der unvergleichlichen Welt von Alfa Romeo, zu der natürlich auch das gemütliche Flanieren im offenen Spider zählt. Und die offene, herzliche Art, mit der Alfisti aufeinander zu gehen – ob an der Rennstrecke, bei Oldtimer-Veranstaltungen, Klassik-Messen oder anderen Gelegenheiten.

Inzwischen ist die Fangemeinde kräftig gewachsen und hat auch weiteren prominenten Zuwachs erhalten. So sitzt unter anderem meine Kollegin Esther Schweins mittlerweile hinterm Steuer eines Alfa Sportwagon GTA und die Schauspieler Arthur Brauss und Eve Scheer pilotieren die flinken JTD sogar im Rahmen des Alfa 147 Cup. Und auch der fünffache Formel-1-Weltmeister Michael Schumacher – herzlichen Glückwunsch an dieser Stelle! – ist inzwischen dem von diesem legendären Fabrikat ausgehenden Zauber erlegen: Auch er gehört zu den Eignern eines GTA.

Ich wünsche Ihnen ebenso viel Freude an dieser einzigartigen Marke und kurzweiligen Lesespaß bei der Lektüre des „Alfa Romeo Jahrbuchs", das Ihnen mit Sicherheit auch ein paar bislang unbekannte Einblicke in die faszinierende Welt von Alfa Romeo geben wird

und verbleibe mit alfantastischen Grüßen
Ihr Claus Theo Gärtner

Pflege, die unter die Haut geht

Der Alfa 156 und der Alfa Sportwagon gelten bereits heute als heiße Anwärter auf eine feste Mitgliedschaft im exklusiven Club der automobilen „Alltime Greats". Die 1997 vorgestellte Sportlimousine und das parallel angebotene Kombi-Coupé sind immer noch jung und schön. Deshalb beschränkt sich die im Frühjahr 2002 erfolgte Modellpflege auch auf nun in Wagenfarbe lackierte Außenspiegel und Stoßleisten. Auf den ersten Blick. Tatsächlich erhalten Alfa 156 und Alfa Sportwagon eine neue Mittelkonsole, die nun Platz für die serienmäßige Zwei-Zonen-Klimaautomatik, einen Info-Bildschirm und das

Navigationsgerät bietet. Tief greifend sind auch die sicherheitsrelevanten Verbesserungen. So gehören jetzt die zuvor im Alfa Sportwagon optionalen sechs Airbags sowohl bei Limousine als auch Kombi ebenso zum Serienstandard wie das VDC (die dynamische Alfa Romeo Variante eines ESP) oder der Bremsassistent für das ABS mit elektronischer Bremskraftverteilung. Technisches Neuland betreten die Ingenieure auch mit Einführung des Alfa 156 2.0 JTS. Nach Premiere des ersten Common-Rail-Diesel-Direkteinspritzers 1997 im Alfa 156 befindet sich Alfa Romeo weiterhin in der Pionierrolle: Der JTS ist der erste sportlich orientierte Benzin-Direkteinspritzer mit einem spezifischen Drehmoment von mehr als 100 Nm und einer Leistung von mehr als 60 kW pro Liter. Das neue Triebwerk mit Multi-Spark-Einspritzung leistet 166 PS. Und das mit noch besseren Manieren als sein Vorgänger, weiterhin Alfa-typischem Sound und geringerem Kraftstoffverbrauch. ■

Wissenschaft anno dazumal

Auf dem Turiner Salon 1953 sorgt die Carrozzeria Bertone mit einem Aufsehen erregenden Fahrzeug für Gesprächsstoff: Auf dem Rahmen des bereits bekannten Alfa Romeo 1900 ruht eine Karosserie, die ihre Betrachter alles andere als ruhen lässt. Die Berlina Aerodinamica Tecnica 5 erinnert an eine Fledermaus, ihre Abkürzung BAT 5 unterstreicht diesen Eindruck. Die skurrile Form stammt aus der Feder des damaligen Bertone-Chefstylisten Franco Scaglione und basiert auf aerodynamischen Versuchen. Für die dreidimensionale Umsetzung der kunstfertigen Hülle zeichnet die Werkstatt der Turiner Blechkünstler verantwortlich. Für Bertone erweist sich das Flügelwesen als Glücksgriff: Der Carrozziere erhält kurzfristig den Zuschlag zur Serienfertigung des Giulietta Sprint und kann so den Fortbestand der ehemaligen Kutschwerkstatt sichern. BAT 5 erfährt in den beiden folgenden Jahren mit BAT 7 und BAT 9 zwei kaum weniger aufmerksamkeitsstarke Fortsetzungen. ■

Schönheit kommt auch von innen

Der Alfa 147 ist ein wahrer Hingucker. Und wenn so viele Damen sich um den Beau aus Milano drängeln, dann kann das Auge gar nicht mehr von ihm ablassen. Grund für die illustre Gesellschaft im Science-Fiction-Umhang mit Wigwam-Gruppe im Rücken ist die Wahl der „Miss Suisse". Wer denn nun den kompakten Alfa Romeo als Hauptgewinn mit nach Hause genommen hat? Das gekrönte Haupt hört auf den Namen Nadine Vinzens und steht an dritter Stelle von links. ■

Mit voller Hingabe

Analog zur Neustrukturierung der Fiat Auto S.p.A. ist seit dem 1. Mai 2002 ebenfalls für den deutschen Markt ein Geschäftsbereich Alfa Romeo ins Leben gerufen worden. Damit agiert Alfa Romeo unter dem Dach der Fiat Automobil AG auch hierzulande als eine eigenständige Marke. Für die Mannschaft um Direktor Dietmar Fütterer, Marketing Manager Dino Damiano, Verkaufsleiter Jens Langenberg und den für die Entwicklung des Alfa Romeo Händlernetzes zuständigen Alexander Seeber gibt es jetzt nur noch die Farbe rot und das „Cuore Sportivo". Die Umstrukturierung verdeutlicht, welche Bedeutung den Mailändern künftig zugemessen wird. Bereits heute ist sie, nicht zuletzt dank ihrer dynamischen Modell-Entwicklung, die am stärksten wachsende Automobilmarke des Konzerns. ■

Fantastische Geschenkideen

Schauspielerin Eve Scheer und ihr Cup-Mitstreiter, Champion Markus Lungstrass sind begeistert vom Angebot der Linea Accessori. Unter diesem Namen gibt es bei Alfa Romeo Accessoires – vom Miniaturfahrzeug über Bekleidungsartikel bis hin zu wertvollen Chronographen. Für die Kleinen gehört auch ein Spider dazu: Wahlweise mit Pedal- oder Elektroantrieb. Fitness-Freaks fahren mit dem von Zweirad-Spezialist Kreidler gefertigten Mountain-Bike auf der sicheren Seite. Nur der Alfa 147 Cup gehört nicht ins Lieferprogramm. Aber auch da kann Ihnen Ihr Alfa Romeo Partner auf jeden Fall weiter helfen … ■

Auszeichnungen von einst, heute und morgen

Bereits damals ist Alfa Romeo auf den Gewinn des Prestige trächtigen Concorso Villa d´Este abonniert. Der Schönheitssalon für Atem beraubende Karosserieschöpfungen, alljährlich im Garten des gleichnamigen Nobel-Hotels in Cernobbio am Comer See ausgetragen, genießt in der Historie der Mailänder Marke selbst einen derart großen Stellenwert, dass der 6C 2500 Villa d´Este nach erneutem Gewinn sich gar mit dem Namen des Wettbewerbs schmückt. Mittlerweile hat sich der Concorso unter den Highlights der Klassik-Veranstaltungen etabliert. Und Alfa Romeo ist immer noch erste Wahl. In diesem Jahr gewinnt ein 6C 1750 von 1931. Und auch die Giugiaro-Studie Brera wird geehrt. Die neu geschaffene Auszeichnung für aktuelle Show-Cars und Studien ist der Preis, der den Concorso d´Eleganza im traditionellen Sinn aufleben lässt. So präsentiert sich Alfa Romeo als Sieger: einst, heute und morgen. ■

Schleudern gehört zum Unterricht

Seit sechs Jahren hat sich das „fliegende Klassenzimmer" einen Namen gemacht. Gut 4000 sportliche Autofahrerinnen und -fahrer haben seitdem mindestens einen der drei verschiedenen Kurse der Scuola Sportiva absolviert. Nicht minder eindrucksvoll ist der Fuhrpark, der den Schülern zur Verfügung steht. Für das Klassenfoto haben sich mehr als drei Dutzend Schulfahrzeuge eingefunden. Die Palette der speziell präparierten Scuola-Fahrzeuge reicht vom Alfa 147 2.0 Twin Spark (150 PS) über den Alfa 156 2.0 JTS (166 PS) bis hin zum 250 PS starken Alfa 156 GTA. Als Leckerbissen stehen ein zum „Skid-Car" (siehe Geschichte von Christian Danner in diesem Buch) präparierter Alfa 166 sowie jeweils ein zum Renntaxi umgebauter Alfa 147 Cup und Alfa 156 im DTC-Renntrimm parat. ■

Pure Faszination

Alfa 147 GTA

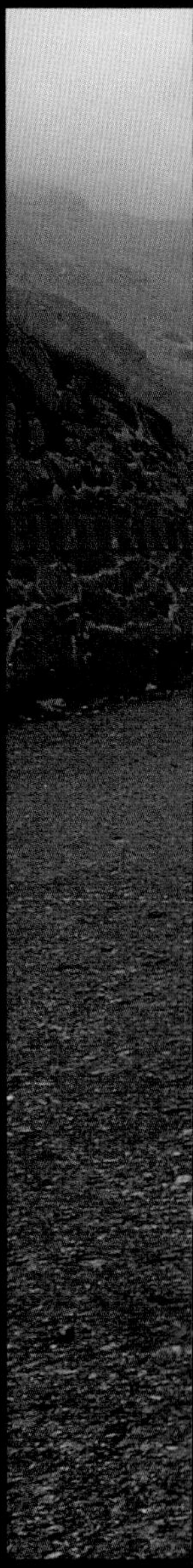

Auf dem Pariser Salon präsentiert Alfa Romeo sein drittes GTA-Modell: den 250 PS starken Alfa 147 GTA. Wie bereits beim Alfa 156 GTA und Alfa Sportwagon GTA wird auch dieser kompakte Alfa Romeo vom faszinierenden 3,2-Liter-Sechszylinder angetrieben. Und das macht ihn zum Ausnahmeathleten seiner Klasse. Perfektioniert hat ihn eine Frau. Und wie!

„Alfa ist so stark wie nie", schreibt „Auto Bild" in ihrem ersten Fahrbericht als Quintessenz zum neuen Alfa 147 GTA. Man hat sich verliebt. Auf Anhieb. In einen der wohl faszinierendsten Kompaktwagen dieser Tage und in die Frau, die dem Alfa 147 GTA diese Faszination einhauchte: Laura Farina. Die Chefingenieurin des Projekts „147 GTA" wurde nahe Arese geboren. Und dort entstehen seit Jahrzehnten automobile Legenden. Nehmen wir an, dass Laura dort als kleines Mädchen vom Rücksitz einer Giulia aus durch beschlagene Scheiben auf das Werk und die Autos, die das Gelände verließen, blickte. Nehmen wir an, dass damals eine Leidenschaft geweckt wurde. Und nehmen wir an, dass damals der Traum entstand, den Laura später einfach wachküsste. So muss es gewesen sein.

Jetzt ist Laura 31 und eine der Frauen und Männer, die Alfa Romeo in die Zukunft führen. Auf den Spuren einer großen Vergangenheit. Gestern und morgen verschmelzen besonders im Alfa 147 GTA zu einer neuen Dimension, bei deren Anblick – gesteigert durch Lauras Anwesenheit – selbst Redakteure von durchaus kritischen Fachzeitschriften ins Schwärmen geraten. Wie der Kollege von „Auto Bild": „Der kleine Alfa spielt bei den Kompakten die Rolle des Schönlings, den Richard Gere; und dieser Latin Lover bekommt nun ein 250 PS starkes Herz. In Worten: zweihundertfünfzig. Laura und ihr GTA haben noch mehr gemeinsam: Beide können dich ziemlich schnell sprachlos machen." Was für ein Kompliment.

Und was für ein Auto! Erst einmal will verstanden sein, was Alfa Romeo da überhaupt veranstaltet. Die Italiener befinden sich seit Jahren, seit der Vorstellung des weltweit erfolgreichen Alfa 156, auf der Überholspur einer einzigartigen Produktoffensive. Sie ist durch neue Modelle und viel versprechende neue Antriebstechniken gekennzeichnet – vom superdynamischen Multijet-Turbodiesel der zweiten Generation bis hin zum direkteinspritzenden Benziner JTS. Und nun, nur wenige Monate nach dem Debüt des Alfa 156 GTA und des Alfa Sportwagon GTA, erscheint der Alfa 147 GTA.

Gemeinsames Kennzeichen aller drei Alfa Romeo: der bereits erwähnte 250 PS starke 3,2-Liter-V6. Für den Alfa 147 GTA brachte „Auto Bild" in der „Laura-GTA-Geschichte" die durch ihn möglichen Fahrleistun-

In der Kompaktklasse ist Alfa Romeo das Maß aller Dinge: Keiner ist stärker.

250 BISSIGE, NERVÖS MIT DEN HUFEN SCHARRENDE PFERDESTÄRKEN UND EINE BEISPIELHAFTE ABSTIMMUNG MACHEN DEN ALFA 147 GTA ZUM CARVING-SKI UNTER DEN AUTOMOBILEN – PERFEKT FÜR MENSCHEN MIT BENZIN IM BLUT

Die blockförmig abgesteppten Sportsitze erinnern an die GT-Tradition des Hauses und anderer italienischer Sportwagenbauer.

gen auf den Punkt: „Falls der bloße Verstand noch keinen Respekt vor dem stärksten Kompakten der Welt zeigt, dann vielleicht vor diesen Zahlen: von null auf 100 km/h in 6,3 Sekunden, Höchstgeschwindigkeit 246 km/h. Ab Werk, mit zwei Jahren Garantie. Das war vor Jahren noch unvorstellbar." Und was sagt Laura dazu: „Es war nicht sehr kompliziert". Wohl denn.

Optische äußere Kennzeichen des Alfa 147 GTA sind seine 17-Zoll-Leichtmetallfelgen mit gewaltigen Reifen im Format 225/45 ZR 17, ebenso kraftvolle wie dezente Kotflügelverbreiterungen, Seitenschweller, eine neue Frontschürze, ein modifizierter Heckabschluss (mit integriertem Diffusor in der Stoßstange), ein Dachspoiler sowie verchromte Auspuffendrohre.

Im Interieur prägen den Alfa 147 GTA unter anderem exklusive Sportsitze und eine Pedalerie samt Fußstütze mit Aluminiumabdeckungen. Und es sind viele weitere kleine Merkmale, mit denen Alfa Romeo auch bei diesem Modell einmal seine Liebe zum Detail unter Beweis stellt und den Alfa 147 GTA weiter von den Grundversionen der Baureihe abgrenzt. Eines davon ist das um die Darstellung der Motoröltemperatur erweiterte Multifunktionsdisplay.

Wie sagte Laura? „...nicht sehr kompliziert." Die Frau ist bescheiden, wie ein Blick in die Technik des Alfa 147 GTA zeigt: Der 3,2-Liter-Sechszylinder-Motor ist eine Weiterentwicklung des Dreiliter-Vierventilers, für den Alfa Romeo in der Vergangenheit vielfach ausgezeichnet wurde. Sein maximales Drehmoment von 300 Newtonmetern liegt ab 4800 Umdrehungen an. Die Kraft wird über ein Sechsganggetriebe auf die Vorderräder übertragen. Demnächst will Alfa Romeo den Sportler auch mit sequenziellem Selespeed-Getriebe anbieten. Ein separater Ölkühler sorgt selbst bei verschärftem Tempo für optimale thermische Verhältnisse im Innern des Sechszylinders. Neben einer Hubraumerweiterung um

200 cm³ wurden Ansaugtrakt und Motorelektronik überarbeitet. Noch eine Spur voluminöser geworden ist der sonore Sound, das Markenzeichen der bulligen Sechszylinder. Der „Stern“ drückte es so aus: „Ist der tief (f)liegende Kompaktsportler erst einmal vorbei gezogen, verabschiedet er sich mit sonorem Sound.“

Um der deutlich gestiegenen Leistung gerecht zu werden, wurde das Fahrwerk natürlich tief greifend überarbeitet. Mehr noch: es wurde in weiten Teilen neu konzipiert. Strukturelle Verstärkungen der Radaufhängungen (Vierlenker-Achse vorne, System McPherson hinten) sorgen zusammen mit einer Tieferlegung der Karosserie für eine deutlich straffere, sportlichere Fahrwerksabstimmung. Die verbreiterte Spur, Niederquerschnittreifen auf großen Leichtmetallfelgen und die direkter übersetzte Lenkung verstärken diesen Effekt noch einmal.

In die selbe Richtung zielen auch Modifikationen beim Bremssystem und den elektronischen Fahrhilfen. Deutlich vergrößerte Bremsscheiben (vorn 305, hinten 276 Millimeter) mit leistungsfähigeren Bremssätteln (Vorderachse: innen belüftet, von Brembo) sorgen bei diesem „Euro-Fighter“, wie ihn das Fachmagazin „auto, motor und sport“ nannte, für Verzögerungswerte auf Rennsport-Niveau. ABS und elektronische Bremskraftverteilung (EBD) sind ebenso serienmäßig an Bord wie Anti-Schlupfregelung (ASR), Motorschleppmomentregelung (MSR) und Vehicle Dynamic Control (VDC).

Die Sicherheitsausstattung wird durch Fahrer- und Beifahrer-, Seiten- und Kopf-Airbags sowie eine Scheinwerferwaschanlage ergänzt. Zur Komfortausstattung des Alfa 147 GTA zählen Features wie Cruise Control (Tempomat), Multifunktionsdisplay mit Tripcomputer, Zwei-Zonen-Klimaautomatik, in das Lenkrad integrierte Radiobedientasten und RDS-Autoradio mit CD-Player plus 8 Lautsprechern. Alles serienmäßig, versteht sich. Gegen Aufpreis gibt es auch noch ein paar nützliche und innovative Dinge; die Liste ist beeindruckend kurz. So stehen unter anderem Xenonscheinwerfer, das Telematik- und Navigationssystem CONNECT Nav+, eine Sprachsteuerung für Telefon und Voice-Memo, ein elektrisches Schiebedach, eine Diebstahlwarnanlage mit Neigungssensor, ein im Kofferraum integrierter CD-Wechsler und vier verschiedene Lederausstattungen zur Verfügung.

Doch all dies ist bei diesem Alfa Romeo fast schon Nebensache; denn was zählt, ist sein dynamisches Herz und der sportliche Unterbau. Beides, Antrieb und Fahrwerk, führen eine große Tradition fort. Sie hat ihre Ursprünge in einer Zeit, als Laura noch nicht geboren war.

„Alfa ist stark wie nie.“ Ja. Und Laura? Für „Auto Bild“ hatte die erste Begegnung mit dem kompaktesten der bislang drei GTA nur ein automobiles Happy End: „Der 147 GTA ist im Frühjahr 2003 zu haben. Laura nicht mehr. Sie wird heiraten.“ Und eine plötzliche Flucht aus der Kirche à la „Reifeprüfung“ samt rotem Spider Duetto, scheint diesmal selbst mit einem roten Alfa 147 GTA so gut wie ausgeschlossen. Schade.

Männerspielzeug aus Frauenhand

Nach dem Alfa 156 GTA und Alfa Sportwagon GTA komplettiert der Alfa 147 GTA die Alfa-Sportabteilung. Fortsetzung folgt …

Geschichte mit Herz

Scudetti im Laufe der Jahre

Seit Jahrzehnten tragen die Fahrzeuge aus Mailand stolz das Scudetto, das hierzulande auch liebevoll als Herz tituliert wird. Dahinter verbirgt sich jeweils das sportliche Herz, das Cuore Sportivo, das in jedem Alfa Romeo schlägt.

Hervorgegangen ist das Scudetto aus den klassischen Kühlern der Vorkriegsfahrzeuge. Alfa Romeo gehört von Anfang an zu den Avantgardisten. Und dem entsprechend setzen die Techniker immer wieder Standards. Ein Gebiet, auf dem sich die Stylisten und Karosseriebauer im Dunstkreis von Alfa Romeo als Schrittmacher erweisen, ist das der Aerodynamik. Und so wird auch der klassische Kühler zum stromlinienförmig optimierten Stilelement.

Bereits verschiedene Modelle der frühen 30er-Jahre erhalten die herzförmige Kühlermaske. Das neue Gesicht macht die Fahrzeuge der Mailänder Marke unverwechselbar und entwickelt sich rasch zu einem ausgeprägten Stilelement. Mit Erscheinen des 6C 2500 anno 1939 entwickelt sich das lang gestreckte, aufrechte Scudetto zum festen Symbol. Den Fahrzeugen verleiht dieser stilistische Kniff ein ungekannt modernes Aussehen. Schließlich verschwinden damit die zuvor an den Fahrzeugkörper montierten Kotflügel und machen den Fahrzeugkorpus zu einer harmonischen Einheit.

Bei den in Serie produzierten Modellen wie dem 1900 oder denen der Giulietta-Familie ist dieses Stilelement am stärksten ausgeprägt. Dann kommen die 60er-Jahre und Giugiaro erfindet für den 2000 Sprint den durchlaufenden Kühlergrill, der das Erscheinungsbild des Automobils über alle Marken hinweg für Jahrzehnte prägen soll. Aber Alfa Romeo hält am Herzen fest...

6C 2500 Villa d'Este

Der berühmteste 6C 2500 hört auf den Namen Villa d'Este. Das ist ein Hinweis auf den weltberühmten Concorso d'Eleganza, den das von Touring karossierte Coupé 1947 gewinnen kann. Das üblicher Weise bunt emaillierte Markenemblem ist in den ersten Nachkriegsjahren noch ausschließlich aus Messing gefertigt und rotgrundig lackiert.

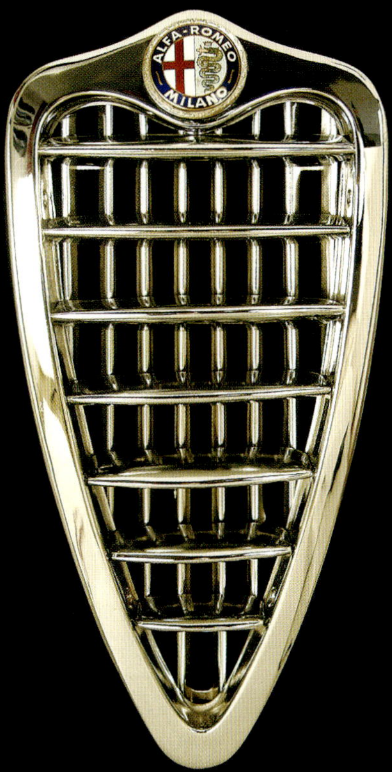

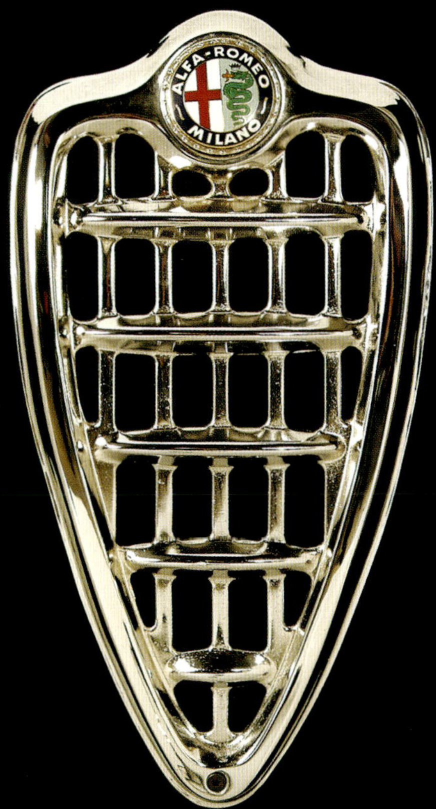

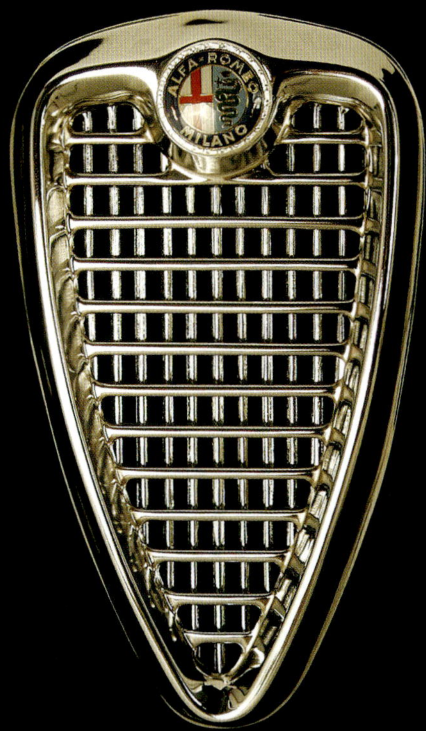

1900

Mit dem 1900 schafft Alfa Romeo 1950 den Sprung von der Manufaktur zum Serienhersteller sportlich exklusiver Fahrzeuge. Der 1900 verfügt als erster Alfa Romeo über eine selbst tragende Karosserie. Gegenüber den aufrechten Scudetti der verschiedenen 6C 2500-Modelle duckt sich das Schild des 1900, um der darunter liegenden Chromstoßstange Platz zu machen.

Giulietta / Giulietta Sprint / Giulietta Spider

Mitte der Fünfziger erweitert Alfa Romeo sein Fahrzeugangebot mit den Limousinen, Coupés und Spidern der Giulietta-Baureihe. In Zeiten der fortschreitenden Motorisierung erweisen sich die sportlichen Fahrzeuge aus Portello als Volltreffer. Und das chromblitzende Scudetto schmückt die zierlich-frechen Gesichter des Trios vorzüglich.

Giulietta / Giulietta Sprint / Giulia Sprint / 1300 Sprint

1959 bzw. 1961 erfahren der Sprint und die Limousine einmal mehr optische Retuschen. Dazu gehört auch ein modifiziertes Scudetto, das sich nun, zeitgemäß modern, deutlich feinmaschiger präsentiert. Beim Sprint macht das neue Herz auch noch den Sprung von der Giulietta zur Giulia mit, sprich: das Hubraumwachstum von 1,3 auf 1,6 Liter.

Giulia / Giulia Sprint GTA

Als Giulia 1962 das Licht der Welt erblickt, wird auch sie selbstverständlich mit einem Scudetto geschmückt. Allerdings verändert sich das Stilelement durch seine reduzierte Höhe und es ist nun in einer durchlaufenden Öffnung mittig im Kühlergrill platziert.

1600 Spider (Duetto)

Der Spider lässt keinen Platz für das Triptychon. Alfisti müssen mit Gummielementen auf den Stoßstangenhälften vorlieb nehmen und sich diese als Baffi vorstellen. Doch bleibt ihnen das stolze Herz und darüber ein fließend in das Karosserieblech übergehender Komet.

GT 1300 Junior (Kante)

Entgegen dem Technologieträger namens GTA darf der Serienbruder ruhig ein paar Kilo mehr auf die Waage bringen. Dem entsprechend üppig fällt auch sein Scudetto aus. Das Herz spannt sich von der Stoßstangenkante bis hinüber zum gen Motorhaube weisenden Kometen.

1750 GT Veloce / 1750 (Berlina)

Das schlichte Scudetto passt zu den aufgeräumtschlichten Linien aus dem Stylingbüro von Bertone. Analog zur neuen, größeren Limousine wird auch der klassische „Bertone" modernisiert: Ihn ziert nun eine glatte, der „Kante" beraubte Frontpartie.

Alfetta GT / Alfetta GTV

Das Scudetto der Alfetta Coupés dokumentiert den zeitlichen Wandel, der beim Blick auf die Karosserie noch deutlicher zu Tage tritt. Während die Alfetta GTV noch bis '86 vom Band läuft, wird das Herz ab 1980 Teil eines einteiligen Kunststoffkühlergrills.

Alfa 164

Der Alfa 164 ist der erste Alfa Romeo seit der ersten Serie der Alfetta, der wieder ein singuläres, von lackiertem Blech umgebenes Scudetto stolz zur Schau trägt. Die Limousine markiert den Schritt in eine neue Zukunft für die faszinierende Marke.

Alfa 156 / Alfa Sportwagon

Mit Erscheinen des Alfa 156 schreibt Alfa Romeo eine neue Erfolgsgeschichte. Optisch spielt das Scudetto bei der wohl weltweit schönsten Limousine eine bedeutende Rolle: Kraftvoll, als wäre es eine Faust. Flankiert wird es von Langlöchern, wie sie einst die Grand-Prix-Boliden von Nuvolari und Co. zierten.

Alfa 147

Zurück in die Zukunft geht der Weg, den Alfa Romeo im neuen Jahrtausend betritt. Das stolze Scudetto des Alfa 147 ist unübersehbar, auch wenn es auf einen Chromrahmen verzichten muss. Dafür glänzen die in die Karosserieöffnung eingelassenen sechs Rippen um die Wette.

Zündende Idee

Multijet – die neue Dieseldimension

Als weltweit erster Hersteller führt Alfa Romeo 1997 im Alfa 156 einen Turbodiesel mit Common-Rail-/Unijet-Technologie ein. Und bringt damit eine Technik, die rasch große Verbreitung findet und die Konkurrenz zur Nachahmung animiert. Heute, fünf Jahre nach Beginn des Siegeszugs gleichzeitig moderner und sportlicher Diesel präsentiert die italienische Avantgardemarke jetzt – erneut als erster Anbieter – die zweite Generation dieser innovativen Antriebstechnologie: das Multijet-System. Damit stehen ab sofort bei niedrigsten Verbrauchswerten noch mehr Kraft und noch mehr Leistung zur Verfügung. In Form des neuen 1.9 JTD 16V mit starken 140 PS befeuert Multijet künftig die Baureihen Alfa 147, Alfa 156 und Alfa Sportwagon.

Alfa Romeo setzt auf Leistung. Schon immer. Und diese Leistung wird innovativ erzeugt. Schon immer. Über Jahrzehnte waren es vor allem die faszinierenden Benziner, die für Furore sorgten. Doch gleichzeitig besitzt das Unternehmen – ebenfalls seit Jahrzehnten – eine hohe Dieselkompetenz. Besonders auf den südeuropäischen Märkten mit ihren zum Teil restriktiven Steuergesetzgebungen und Geschwindigkeitslimits punktete Alfa Romeo stets auch im Dieselmarkt. In Deutschland gelang der große Durchbruch 1997, als die Mailänder im Alfa 156 den ersten Common-Rail-Turbodiesel der Welt in einem Pkw vorstellten. Das Prinzip des permanent vorgehaltenen hohen Einspritzdruckes und der weichen, doppelten Direkteinspritzung

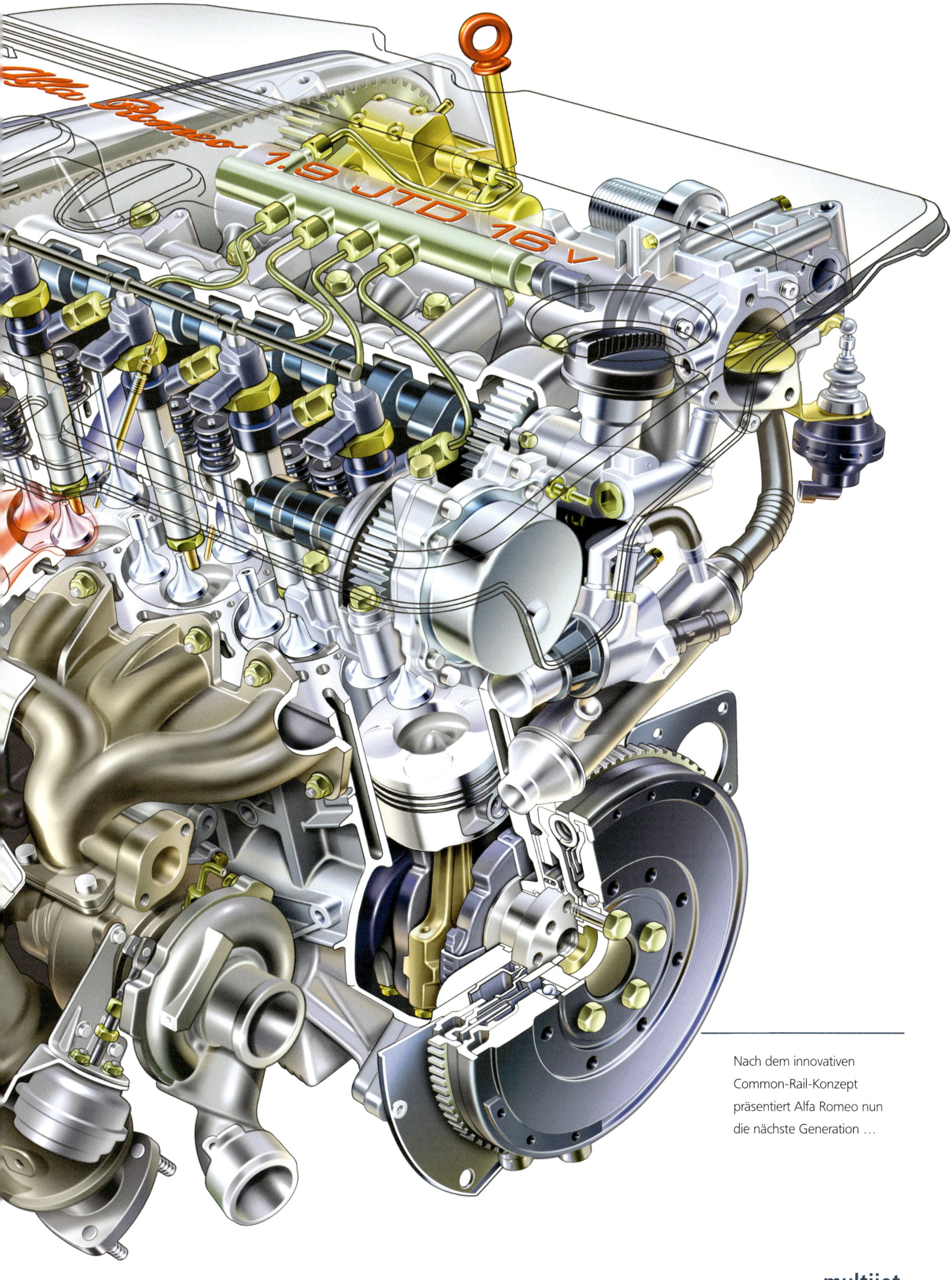

Nach dem innovativen Common-Rail-Konzept präsentiert Alfa Romeo nun die nächste Generation …

Mit 305 Nm liegt das Drehmoment des Multijet-Diesel sogar über dem des GTA.

(Unijet) überzeugte auf Anhieb. Heute gehören die JTD-Motoren zu den beliebtesten und wichtigsten im Modellprogramm. Die Leistung des 1.9 JTD betrug anfänglich 105 PS, wurde dann auf 110 PS und auf 115 PS gesteigert.

Nun stellt Alfa Romeo diesem 115-PS-JTD eine noch stärkere Version zur Seite. Die neueste Generation des 1.9 JTD leistet beachtliche 140 PS, statt Zweiventil-Technologie kommt ein Vierventilkopf, statt der Unijet-Einspritzung – wiederum weltweit erstmals – das Multijet-Verfahren zum Einsatz. Folge: eine deutliche Steigerung von Leistung, Drehmoment und Fahrleistungen. Das allerdings, ohne den Verbrauch in die Höhe zu treiben.

Eingesetzt wird der neue Vierventil-Vierzylinder in der kompakten Baureihe Alfa 147, der Sportlimousine Alfa 156 und dem dynamischen Kombi Alfa Sportwagon. Bereits bei 2000/min entwickelt ihr Multijet-JTD ein maximales Drehmoment von 305 Newtonmetern; 30 Newtonmeter mehr als der 1.9-JTD-Unijet. Letzterer bleibt den Alfisti als Einstiegsversion in die Welt der dynamischen Alfa Romeo Diesel weiterhin erhalten.

Der Alfa 147 erreicht mit dem neuen Motor eine Spitzengeschwindigkeit von 206 km/h und verbraucht durchschnittlich lediglich 5,9 Diesel auf 100 Kilometern. Werte, die vor Jahr und Tag schier undenkbar gewesen sind. Da steht also ein kraftvoll gestylter, extrem dynamischer Kompaktwagen vor einem, der nach dem Anlassen des Motors höchstens durch einen gewissen Sound als durch übermäßiges Dieselnageln auffällt. Ein Kompaktwagen, der erst einmal in Fahrt, durch sanften Druck daran erinnert, dass in seinem supermodernen Dieselmotor ein Turbolader mit variabler Schaufelrad-

Multijet ist ein großer Schritt im Motorenbau. Er bringt den sparsamen Triebwerken bislang unbekannte Manieren bei.

geometrie und Ladeluftkühler bei Bedarf sportlichste Leistungswerte bereitstellt. Ein JTD, der den Alfa 147 locker in 9,1 Sekunden auf 100 km/h beschleunigt und dabei viele Benziner alt aussehen lässt. Wer es dagegen darauf anlegt, nicht besonders schnell, sondern besonders sparsam unterwegs zu sein, kommt im außerstädtischen Bereich mit unter 5,0 Litern Kraftstoff aus. Um es noch einmal auf den Punkt zu bringen: Dieser Alfa Romeo lässt sich mit 4,7 Litern Durchschnittsverbrauch bewegen, obwohl er weit über 200 km/h schnell ist.

Doch der neue Motor verleiht nicht nur der Kompaktklasse Flügel; das Prinzip funktioniert auch in der edlen Mittelklasse. Und wie: Die größeren Alfa 156 und Alfa Sportwagon sind aufgrund ihrer bauartbedingt aerodynamischen Vorteile sogar 209 km/h schnell.

Geschaltet werden die 140-PS-JTD-Modelle über ein sportlich ausgelegtes Sechsganggetriebe. Wer das Getriebe unter voller Beschleunigung einmal komplett durch die exakt schaltbaren und im Drehzahlanschluss ideal abgestimmten Gänge führt, hat – beispielsweise mit dem Alfa 147 – nach nur 30,8 Sekunden aus dem Stand heraus die ersten 1000 Meter hinter sich gebracht. Und dabei gilt: Jeder einzelne dieser Meter, jeder Kilometer mit dem neuen Multijet-Direkteinspritzer macht Spaß. Weil stets souveräne Kraft zur Verfügung steht, weil lediglich ein sonorer Sound an die Ohren dringt, weil die Nadel der Tankanzeige einen festzementierten Kontrapunkt zur quicklebendigen Nadel des Drehzahlmessers setzt, weil der Dieselmotor hier einen neuen Höhenflug erlebt.

Das zentrale Funktionselement des Multijet-Systems bildet eine neue Steuereinheit für das elektrische Öffnen und Schließen der Injektoren. Durch diese elektronische Steuereinheit lassen sich erstmals eine ganze Reihe von sehr nah aufeinander folgenden Einspritzungen ausführen. Durch die nun mehrfachen Sekundär- und Haupteinspritzungen (statt zuvor jeweils einer Sekundär- und Haupteinspritzung) können die Drücke, die Temperaturen und die Luftverhältnisse im Brennraum präzise wie nie zuvor bei einem Dieselmotor kontrolliert und gesteuert werden. Je nach Betriebsbereich wird so das Ansprechverhalten optimiert, die Rauchentwicklung reduziert, das Drehmoment gesteigert, die Geräusche sowie Emissionen minimiert und die Laufruhe verbessert.

Konstruktiv wurde der neue Motor – wie bereits skiz ziert – vom bekannten 1.9 JTD mit 115 PS abgeleitet. Pro Zylinder kommen nun jedoch vier statt zwei Ventile zum Einsatz, die über zwei obenliegende Nockenwellen gesteuert werden. Darüber hinaus erhöhte Alfa Romeo den im Common-Rail-System permanent vorgehaltenen Einspritzdruck von 1400 auf 1600 bar. Technisch möglich wären sogar 1800 bar. Neu entwickelt wurden der Vierventilzylinderkopf mit seinen Hydrostößeln, die Pleuel und die Kurbelwelle, der Zylinderkolben sowie die Kurbelwellen- und Pleuellager. Ebenfalls neu konzipiert wurden der hochfeste Abgaskrümmer und der Ansaugkrümmer. Darüber hinaus optimierte Alfa Romeo die elektronisch gesteuerte EGR-Anlage (Abgasrückführung) und die Abgaskühlung.

Fest steht dabei, dass sich mit dem neuen 1.9 JTD endgültig ein Kreis geschlossen hat. Ein Kreis, der an der leistungsmäßigen Schnittstelle zwischen Vierzylinder-Benzinern und Vierzylinder-Dieselmotoren im Toppbereich ein Lücke aufwies, die es nun nicht mehr gibt. Und dies ist erst der Beginn des Multijet-Zeitalters. Weitere Motoren werden folgen und die Symbiose aus Diesel und Alfa Romeo auch in anderen Leistungsklassen perfektionieren. Und damit endgültig klar machen, dass die Avantgardemarke sowohl in der Welt des Benziners auch in der Welt des Diesels ihre Vorreiterrolle weiter festigt.

Eiskalt auf heißen Straßen

Targa Florio

Die Targa Florio gehört zu den großen Legenden des Automobilsports. Von 1906 bis 1977 wurde sie 61mal ausgetragen. Und Alfa Romeo gestaltete ein paar ordentliche Kapitel des Renn-Klassikers mit. Inzwischen lebt sie als Klassik-Veranstaltung wieder auf.

Auf Sizilien scheint die Zeit stehen geblieben zu sein: Die Strecke für den Alfa156 GTA ist noch die gleiche, wie für die Renner von einst …

Öffentliche Landstraßen – eher vierter Ordnung, wenn überhaupt. Eine Asphaltdecke, glatt wie Schmierseife und uneben wie das in Sichtweite befindliche Mittelmeer an unruhigeren Tagen. Schroffe Feldmauern grenzen die Piste von den kargen Feldern ab und ahnden jeden noch so kleinen Fahrfehler unerbittlich. 898 Kurven. Drei Anstiege winden sich kurvenreich auf bis zu 600 Meter, die Abstiege mäandern bis auf Meereshöhe. Dazu kommen vier Ortsdurchfahrten mit Häusern, die viel zu nah an der Straße stehen und Strohballen als Feigenblätter – sie beruhigen eher das Gewissen als tatsächlich Schutz zu bieten. Pro Runde sind zweieinhalb- bis dreitausend Schaltmanöver notwendig: Ein wahrer Stepptanz auf Brems- und Gaspedal und die andauernde Korrektur des Lenkeinschlags fordern Grip, Grips, Konzentration und Bizeps. Nach dem nicht enden wollenden Stakkato aus Beschleunigen, Kuppeln, Schalten, Bremsen, Kuppeln, Schalten und Lenken scheint die vier Kilometer lange Gerade am Meer ab Campofelice Ruhe zu bieten. Doch in den letzten Jahren des zwischen 1955 und 1973 zur Sportwagen-Weltmeisterschaft zählenden Straßenrennens pfeilen die bärenstarken Boliden mit mehr als 350 km/h darauf entlang. Und den Fahrern bleibt stets die Sorge, dass sich doch noch ein Eselskarren, eine Vespa Ape oder andere Fremdkörper auf die zur Piste mutierte Landstraße verirren könnten. 72 Kilometer misst die Runde. Die Rennschlachten währen mindestens sieben, meist zehn, mitunter aber gar fünfzehn Runden auf dieser einzigartigen Berg-und-

Mit dem GTA lässt sich der Kurs rasch umrunden

Die wiedererkennbaren Punkte locken zur Zeitreise

NOVOLAN
248

Die ultraschnellen Sport-
wagen-Prototypen
– wie der Tipo 33 von '68 –
markieren die irrsten Jahre
der Targa Florio

„Jeder, der das Rennen beendet, darf sich als Könner wähnen“

Talbahn. Und nicht selten gilt es, sie in sizilianischer Hitze oder auf regenverwaschenem, schlüpfrigen Geläuf zu meistern. Dagegen scheint die Nürburgring-Nordschleife wie ein brettebener Supermarkt-Parkplatz und Rennen darauf als eine Angelegenheit für Warmduscher.

„Um dieses Rennen zu gewinnen“, erklärt Vincenzo Florio, Initiator der Targa Florio, „muss man eine Kanone sein, um in die Ränge zu kommen ein Weltklassefahrer und wenn man das Rennen auch nur zu Ende fährt, darf man ruhigen Gewissens als erstklassiger Fahrer gelten.“ Während die Piloten der verschiedenen Jahrzehnte ihre Boliden zu bändigen versuchen und über den rund 60 km östlich von Palermo entfernten Madonie-Kurs donnern, ist die Bevölkerung von Cerda, Caltavuturo, Collesano und Campofelice gewarnt: Plakate fordern die Anwohner auf, ihre Kinder, Katzen und Hunde in die Häuser zu sperren. Doch nicht alle können lesen und manchmal gehören Esel und andere Viecher zu den Überraschungssituationen, die es für die Piloten zu meistern gilt.

In den Vorkriegsjahren sind die Piloten wie Varzi, Nuvolari und Co. noch deutlich von den späteren Höchstgeschwindigkeiten entfernt. Doch verlangen die 180 PS des 920 Kilo leichten, kompressorgeladenen 8C

Collesano ist eine von den Ortschaften im Norden der Mittelmeerinsel, die sich einmal im Jahr in ein Amphitheater für Anhänger des automobilen Hochleistungskults verwandeln.

Im Training kämpfen die Fahrer mit Eselskarren und der Streckenlänge

2600 Monza von den Piloten das Maximum an Entschlossenheit, Fahrkönnen und Mut. Asphalt wird erst Jahre später aufgetragen. Und auf der unbefestigten Schotterpiste ist es die hohe Kunst ihrer unerschrockenen Lenker, die trennscheiben-schmal bereiften Ungetüme auf Kurs zu halten. Damals ist Staub Plage und Hindernis zugleich. Und der Schotter sowie das Tempo fressen den Gummi, der auch die Höchstgeschwindigkeit reglementiert: Viel mehr als Tempo 220 sind nicht drin. Doch die Werksmannschaften sind dafür gerüstet und errichten Reifendepots entlang der Strecke.

Natürlich trainieren die Sportler fleißig für das älteste aller Rundstreckenrennen. Überall tauchen kleine Markierungen, fast unscheinbare Farbtupfer und kryptische Zeichen auf Mauersteinen, Baumstümpfen und Begrenzungsmarkierungen auf. Sie dienen den Fahrern als Gedankenstütze und Orientierungshilfe auf der Suche nach dem richtigen, möglichst späten Bremspunkt in diesem Kurvenlabyrinth. So geben sich bis zum Tag vor dem Rennen Profis und Amateure ein Stelldichein

auf der Insel. Und das gemeinsam mit wahrhaftigen Amateuren, beziehungsweise Statisten, denn trainiert wird im – zugegebenermaßen spärlichen – öffentlichen Straßenverkehr. Lediglich für das Abschlusstraining und das Rennen werden die Straßen für den Verkehr gesperrt. Noch heute ist das so.

1978 taucht das Rennen erstmals nicht mehr in den internationalen Sportkalendern auf. Doch der Mythos Targa Florio ist ebenso unsterblich wie die Veranstaltung selbst. Seit Mitte der 80er-Jahre treffen sich hier regelmäßig die einstigen Fans und heutigen Klassikfreunde, um die Targa zu zelebrieren. Und es ist gar nicht schwierig, die richtigen Partygäste zu finden: Ne-

Heute bringen Sammler und Sportler aus aller Welt ihre Preziosen wieder an den Ort einstiger Erfolge. Ehrensache, dass Alfa Romeo dabei überaus gut vertreten ist. Am Steuer des „Disco Volante" (links) sitzt übrigens Targa-Legende Nino Vaccarella …

Rennleitungsturm, Haupttribünen und Boxenanlage sind stumme Zeitzeugen, die einstigen Spuren noch offensichtlich …

ben einer Armada von Giulia Sprint GTA ließ jüngst ein Eigner aus den Staaten seinen seltenen und einst hier so erfolgreichen Giulia TZ2 eigens einfliegen. Und auch verschiedene Tipo 33 oder die Renner aus den frühen Jahren, in denen die Piste noch unbefestigt war, gehören zu der Abordnung aus Mailand, die selbstverständlich eine Hauptrolle unter den Gästen einnimmt. Weitere Gäste aus Maranello, Stuttgart, Molsheim oder Turin komplettieren den Rahmen. Die zuletzt im Alfa Romeo Tipo 33 siegreichen Rennlegenden Arturo Merzario und Nino Vaccarella oder auch Ex-Alfa Romeo- und -Porsche-Pilot Vic Elford tragen sich immer noch gern in die Starterlisten der heutigen Targa Florio ein. Auch oder gerade weil es heute in den mittlerweile in Ehren gealterten Rennern von einst etwas gemächlicher zur Sache geht. Damals, 1971, meißelt Elford mit 128 km/h den schnellsten Rundenschnitt, der jemals auf dem Madonie-Kurs erzielt wird, in die Annalen des Wettbewerbs. Und auch die sizilianische Rennlegende Vaccarella, der als Ferrari- und Alfa-Pilot immerhin drei von seinen acht Rennen für sich entscheiden kann, verbindet eine Hassliebe mit dieser Strecke, die ewiglich mit ihm verbunden sein wird.

In den wilden 60er- und 70er-Jahren säumen bis zu 800.000 Besucher die Strecke, auf der sich die großen Werke um Ruhm und Ehre streiten. Alfa Romeo hat sich dabei mit zehn Gesamtsiegen mit das größte Stück aus dem Kuchen geschnitten, nur Porsche gewann die Targa einmal mehr. Allerdings fechten hinter den Werksprototypen darüber hinaus eine Reihe flotter Privatiers mit ihren Giulietta Sprint, SZ oder GTA und TZ nicht minder sportlich um Klassensiege – erfolgreich!

Davon wagt Vincenzo Florio 1906 kaum zu träumen. Damals lädt der 23-jährige Spross aus wohlhabendem Hause ein paar ebenfalls rennbegeistete Freunde nach Sizilien und initiiert das erste und somit heute älteste Rundstreckenrennen der Welt. Die Familie aus Palermo besitzt seinerzeit sehr große Ländereien und so findet das Autorennen auf seinem eigenen Grund und Boden statt. Das spielt zu jener Zeit eine nicht zu vernachlässigende Rolle, schließlich sind die auf öffentlichen Straßen ausgetragenen Rennen bereits in jenen Tagen den Behörden ein Dorn im Auge.

Immerhin zehn wagemutige Automobilisten nehmen die Herausforderung an und trauen sich durch die schroffe Berglandschaft. Der Sieger kämpft neuneinhalb Stunden hinter dem Lenkrad, ehe er geschunden das Ziel erreicht. Vincenzo Lancia, mit einem 7,4-Liter-Fiat am Start, scheidet dagegen aus, nachdem der grobe Schotter seinen Kraftstofftank leck schlägt. Aber auch er kommt wieder und fordert seine Revanche.

Und weil es nicht nur dem späteren Lancia-Gründer so ergeht, geht dann auch die Rechnung des Florio-Clans auf: Die Familie unterhält unter anderem eine Reederei und damit den Fährbetrieb auf die Insel und freut sich über den wachsenden Touristenstrom auf das Eiland, das für die meisten Norditaliener bereits zu einem anderen Kontinent gehört. Inzwischen ist die Zahl der Targa-Touristen bei weitem nicht mehr so groß. Aber für jene, die heute die legendären Boliden von einst hören und sehen und erleben, wie die schmale, unebene, kurvige und spiegelglatte Landstraße erneut zur Rennpiste mutiert, ist es unmöglich, sich der Faszination dieses großartigen Rennens zu entziehen. Es ist, als wollte die Targa Florio am liebsten alle Kapitel der Rennhistorie auf einmal erzählen.

Perfektion als Antrieb

Frontantrieb bei Alfa Romeo

Mit 250 PS gehört der Alfa 156 GTA zu den stärksten Automobilen, die ihre Kraft ausschließlich über die Vorderräder auf die Straße bringen. Dafür eine perfekte Lösung zu finden, ist nicht nur für die beim Beschleunigen entlasteten und für die Übertragung von Lenkkräften zuständigen Vorderräder, sondern auch für die Fahrwerks- und Antriebsingenieure Schwerstarbeit.

Kaum ein Fachmann hatte darauf gewettet, dass diese anspruchsvolle Aufgabe zu meistern ist, schließlich gibt es bislang kein frontgetriebenes Fahrzeug mit einem vergleichbar gelungenen Antrieb auf dem Markt. Doch Alfa Romeo belehrt sie eines Besseren. Umfangreiche Arbeiten bescheren die faszinierende Umsetzung dieser komplexen Aufgabe.

Beim Alfa 156 GTA und seinen technisch baugleichen Schwestermodellen, dem Alfa Sportwagon GTA und Alfa 147 GTA, verfeinerten die Ingenieure die aufwendige Vierlenkervorderachse, überarbeiteten den Stabilisator und stellten den serienmäßig auf 17-Zoll-Rädern rollenden Boliden auf eine breitere Spur. Während die gelungene Achsgeometrie von den zivileren Basismodellen übernommen wurde, veränderten die Techniker vom Centro Ricerche Fiat und der Abteilung Progettazione e Sperimentazione der Fiat Auto SpA die Radaufhängungen, um den besonderen Charakteristika und der spezifischen Gewichtsverteilung des sportlichsten Alfa gerecht zu werden. Tatsächlich ist dabei ein Auto mit einem beispielhaft präzisen und progressiven Ansprechverhalten der Lenkung, geringen Aufbaubewegungen, einer hohen Stabilität und Kontrollmöglichkeit im Grenzbereich und einem bislang unbekannten Grip-Niveau gelungen. So erinnert das Handling an Rennfahrzeuge, ohne dabei jedoch derart unkomfortabel zu sein.

Ein Schlüssel ist die Vierlenkeraufhängung, zwei übereinander liegende Dreiecke, deren Basis über ein Scharnier am Fahrzeugkorpus und deren Spitzen an der Radgruppe verbunden sind, und die eine viereckige Figur bilden. Es ist die perfekte Art, um weite Radfederbewegungen mit der optimalen Kontrolle der Reifen-Arbeitsbedingungen zu kombinieren. Die Reifenhaftung ist in allen Fahrzuständen optimiert, da die Radaufhängung in Kurven und beim eingefederten Rad die Fahrzeugneigung kompensiert und den Radsturz ausgleicht. So wird die Traktion auch in schwierigen Fahrsituationen optimiert, das unschöne Bremsnicken reduziert und die optimale, gefühlvolle Rückmeldung der Lenkkräfte auch in Extremsituationen gewährleistet.

Elektronische Regelsysteme wie ASR (Antriebs-Schlupf-Regelung) und MSR (Motor-Schleppmoment-Regelung) nehmen glatten Fahrbahnbelägen wie etwa bei starker Nässe, den Schrecken. Und sie sorgen dafür, dass der GTA auch bei hohen Tempi unbeirrt seine Bahn zieht, ohne sich dabei von Querfugen, Pfützen oder Bodenwellen aus der Ruhe bringen zu lassen.

Der Alfa 156 GTA stellt die Spitze einer langen Reihe von frontgetriebenen Alfa Romeo dar. Erste Versuche mit dieser Bauart unternahmen die Mailänder bereits zwischen 1959 und 1961. In dieser Zeit entsteht der Tipo 103. Unter der mittig stark nach unten gezogenen Haube arbeitet ein 896 cm^3 großer Reihenvierzylinder. Frontscheibe, Kühlergrill, Rückleuchten und der knochenartig eingezogene Heckdeckel tauchen 1962 bei der Giulia auf. Der hellblaue, 3,60 Meter kurze Viertürer bleibt jedoch ein Prototyp. Doch er hat zahlreiche interessante Details aufzuweisen. So ist nicht nur der Hubraum unter einem Liter neu, sondern auch die Tatsache, dass das Triebwerk quer montiert ist und seine Kraft eben über zwei Halbwellen und die Vorderräder auf die Straße bringt. Übrigens ist es auch der erste Motor, bei dem die Nockenwellen mittels eines Zahnriemen statt der traditionellen Kette gesteuert werden.

Mit Erscheinen des Alfa 164 wird die moderne Antriebstechnik auch im automobilen Oberhaus salonfähig.

Heute steht der Tipo 103 gemeinsam mit einem der drei gebauten Motoren in der hauseigenen Sammlung in Arese. Der kleinvolumige Vierzylinder mit zwei Nockenwellen leistet beachtliche 52 PS bei 5500 U/min. Ein interessantes Detail ist der umgelegte Keilriemen, der die am Block angebrachte Lichtmaschiene und den im Fahrtwind stehenden Kühlerventilator des quer montierten Triebwerks anzutreiben hat. Die Überlegungen zum Tipo 103 datieren aus den Jahren 1959/'60. Doch die Pläne für den kompakten Wagen werden auf Eis gelegt, schließlich sollen sich die Techniker in Mailand auf die kurz vor Serienanlauf stehende Giulia und den erfolgreichen Umzug nach Arese konzentrieren. Im Vorfeld des Alfasud-Projekts werfen die Mailänder Konstrukteure Mitte der 60er-Jahre nochmals einen Blick auf den in leuchtendem „celeste“ lackierten Wagen. Doch der Technikerstab rund um Rudolf Hruska entscheidet sich für ein vollkommen neues Konzept, das

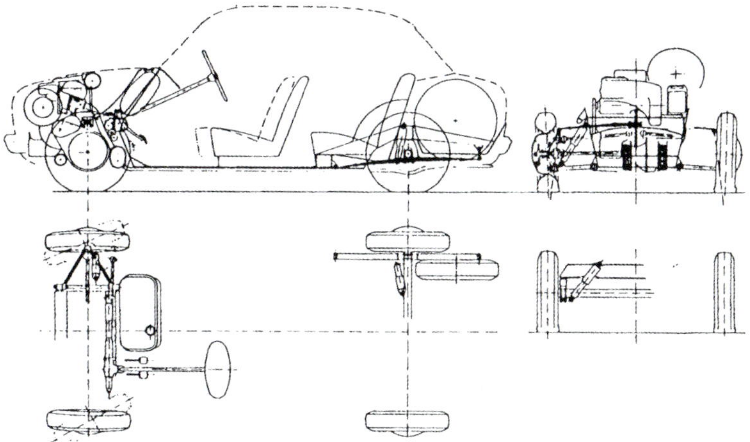

Die ersten Untersuchungen zum Thema Frontantrieb datieren bei Alfa Romeo vom Jahr 1952. Das Projekt hört auf das Kürzel 13-61.

Standards setzten wird und die konstruktiven Vorzüge dieses heute zum Standard avancierten Antriebs vollends ausschöpft.

Die Arbeiten zum Tipo 103 sind indes nicht die ersten Überlegungen der Mailänder zum Thema Frontantrieb: Bereits im Juni 1952, während der Planungsphase zur Giulietta, wird erstmals ein frontgetriebener, kompakter Alfa Romeo konstruiert. Unter der Fronthaube der kompakten Limousine verbirgt sich ein quer montierter Zweizylinder mit 600 cm^3 Hubraum. Allerdings ist der 13-61 seiner Zeit viel zu weit voraus. Weder Markt noch Marke sind zu diesem Zeitpunkt bereit für diesen epochalen Schritt und so kommt der 13-61 nicht über das Reißbrettstadium hinaus.

So soll es bis 1967 dauern, bis das Thema Frontantrieb in Mailand wieder aufgegriffen und Inhalt intensiver Entwicklungsarbeit wird. 1972, mit Produktionsanlauf des Alfasud, erscheint dann der von Alfa Romeo in Serie verwirklichte Fronttriebler. Und auch dieser Alfa Romeo setzt von Beginn an Maßstäbe. Der tief liegende, flach bauende und vor der Vorderachse platzierte Vierzylinder-Boxer beschert dem agilen Sud eine bis dahin für Fronttriebler unbekannte Fahrdynamik. Wieviel Potenzial in der fortschrittlichen Konstruktion steckt, verdeutlicht die Tatsache, dass der Alfasud in seiner 13-jährigen Bauzeit problemlos mit Leistungssteigerungen bis hin zu 105 PS fertig wird. Beim technisch mit dem Alfasud übereinstimmenden, bis 1994 hergestellten Alfa 33 sind es sogar bis zu 133 Pferdestärken, die sicher auf den Boden gebracht werden.

Zwei Jahre nach Markteinführung des Alfasud und der Alfetta, 1974, reifen einmal mehr Pläne für ein weiteres Frontantriebsmodell. Noch steht die gleichermaßen fortschrittliche wie sportliche Alfetta dem Evergreen Giulia zur Seite. Doch die Modellpalette soll um ein weiteres Fahrzeug zwischen dem kompakten Fronttriebler Alfasud und den bekannten Limousinen, quasi als Nachfolger der Giulia, ausgebaut werden. Unter dem Projektcode 152 entsteht eine frontgetriebene Plattform mit einem nun quer montierten Doppelnocken-Aluvierzylinder. Um eine flache Haube zu ermöglichen, wird der Block kurzerhand um 52 Grad nach hinten geneigt. Doch das Endergebnis der Mailänder Überlegungen ist bekannt: Die Nuova Giulietta feiert 1977 Premiere. Und die keilförmige Sport-Limousine erhält den aus dem F1-Boliden und Namensvetter Alfetta bekannten Transaxle-Antrieb.

Dennoch verfolgt die Mailänder Avantgardemarke seit Erscheinen des Alfasud den Bau von Frontantriebs-Fahrzeugen. Der Alfa 145 und sein fünftüriges Schwestermodell Alfa 146 treten die Nachfolge des Alfa 33 an. Anfangs noch mit den für die Fronttriebs-Alfa bekannten Boxer-Triebwerken, ab 1995 dann mit einer neuen Reihenvierzylinder-Motorengeneration, die ihren Platz quer unter der Haube einnimmt. Diese modernen, in Pratola Serra gefertigten Motoren treiben heute auch den aktuellen Alfa 147 an.

Bereits 1986 erscheint mit dem Alfa 164 dann am anderen Ende der von Alfa Romeo angebotenen Modellpalette ein weiterer Fronttriebler. Die technische Grundarchitektur der modernen Limousine entsteht gemeinsam mit Lancia, Fiat, Peugeot und Saab. Doch trotz der weitgehend identischen Plattformen gelingt es den fünf Marken, vollends eigenständige, unverwechselbare Fahrzeuge auf die Räder zu stellen. Beim Alfa 164 geben die nun jeweils quer montierten, bereits aus anderen Alfa Romeo bekannten Zweiliter-Vierzylinder (mit TwinSpark-Kopf) und V6 ihre Kraft ebenfalls an die Vorderräder weiter. Während die süddeutsche Konkurrenz auf die Standardbauweise (Motor vorn, Antrieb hinten) setzt, etabliert Alfa Romeo den Frontantrieb auch bei Fahrzeugen gehobener Kategorien. Die Motorenpalette des Alfa 164 wird ausgebaut, der Sechszylinder erstarkt im Alfa 164 Quadrifoglio auf bis zu 211

Der Tipo 103 von 1959 erweist sich als sensationelles Fahrzeug mit raffiniertem Fahrwerk und üppigem Platzangebot bei kompakten Abmessungen. Zu Gunsten der Giulia – und der Kleinwagen von Fiat – bleibt es lediglich bei einem Prototypen.

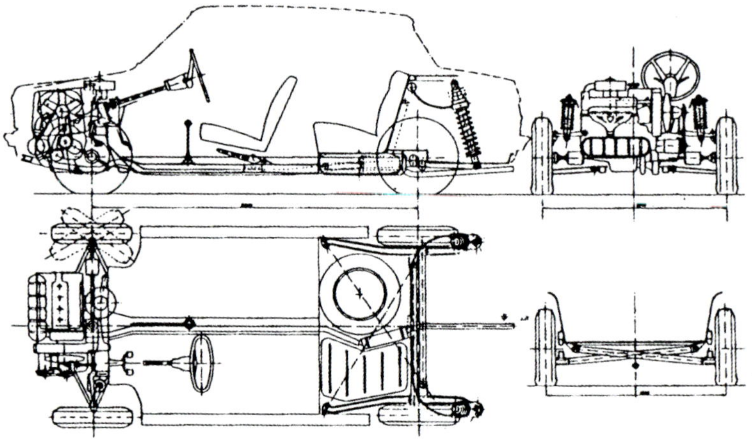

Spider und GTV erweisen sich als pure Sportwagen – mit aufwändigem Fahrwerk und Frontantrieb.

PS und auch mit drehmomentstarken Dieselaggregaten weiß der Antrieb – noch ohne elektronische Unterstützung – fertig zu werden.

Heute, beim Alfa 166, optimieren die Antriebs-Schlupf-Regelung (ASR) und die Vehicle Dynamic Control (VDC) den Antrieb auch bei glatten Fahrbahnoberflächen und bieten so der von Motorsport begeisterten Fachjournalisten bevorzugten Standardbauweise Paroli.

Als der Alfa 155 1992 die Nachfolge des Alfa 75 antritt, ist dann auch die von Alfa Romeo traditionell stark besetzte Klasse sportlicher Mittelklasselimousinen auf Frontantrieb umgestellt. Hier reicht die Leistungsbreite von 90 PS beim 1.9 TD bis zu den 163 Pferden des 2.5 V6. Bei seinem Nachfolger, dem 1997 vorgestellten Alfa 156, reicht die Bandbreite nun von den 115 PS des 1.9 JTD bis hin zu den 250 Pferden des 3,2-Liter-V6-Motors des GTA.

Und seit dem Debüt der aktuellen Sportwagen-Generation, dem 1994 erstmals in Paris gezeigten Spider und GTV, ist die gesamte Lieferpalette der Mailänder Avantgardemarke auf Frontantrieb umgestellt.

Der Alfasud wird zum ersten Serien-Fronttriebler der Mailänder Avntgardemarke. Speziell als ti wird er zum Schrittmacher für kompakte Flitzer mit sportlichen Ambitionen. In der Klasse darüber wird das Projekt 152 (1974) indes nicht verwirklicht.

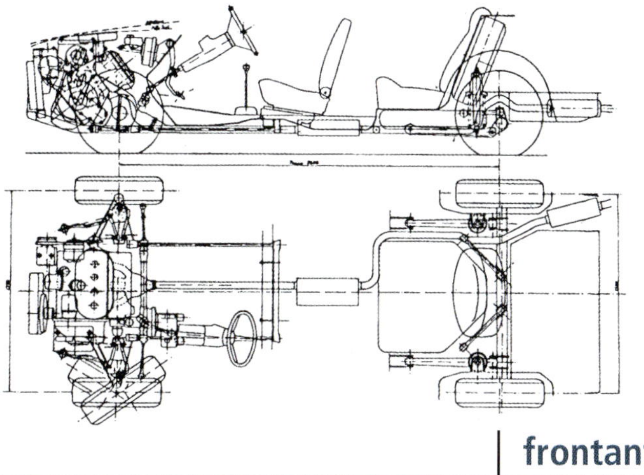

Schlicht, schnörkellos und von Atem beraubender Schönheit zeigt sich der Star des Genfer Salons '02.

Everybodies Darling

Alfa Romeo Brera

Eine tief über der Straße schnüffelnde Front mit harmonisch in die Lufteinlässe gebetteten Scheinwerfern, große, glatte Flächen, wohl proportionierte und gekonnt gesetzte Kanten, pfiffige Details und die für Alfa Romeo typische Formensprache machen den Brera zum Volltreffer.

„COUPÉS SIND TYPISCH ITALIENISCH – EINFACH IN DEN PROPORTIONEN, ABER ESSENTIELL FÜR DEN SPORTLICHEN CHARAKTER."

Die Sportwagen-Studie aus dem Haus des Turiner Couturiers ItalDesign verzaubert die Besucher des Genfer Salons auf Anhieb und erobert die Herzen der Alfisti und Freunde italienischer Automobile und Sportwagen im Sturm. Das in Rosso Miró, beziehungsweise Rosso Nuvola (so wurde der für den Alfa 156 GTA vorbehaltene, irisierende Farbton kurz vor Markteinführung umgetauft) gehaltene Coupé zeugt von der hohen Kunst rollender Ästhetik, einer perfekten Symbiose klassischen italienischen Sportwagenbaus und zeitgemäßer Eleganz.

Die spontane Begeisterung erreicht bis dato nahezu unbekannte Dimensionen. Doch der Brera ist weit mehr als eine traumhaft schöne Designstudie: Der Brera ist die gelungene, automobil gewordene Skulptur der neuen Epoche für Alfa Romeo. Als eigenständiger Geschäftsbereich im Fiat-Konzern, losgelöst aus dem direkten Verbund mit den Turiner Schwestermarken, marschiert die Mailänder Avantgardemarke fortan wieder auf eigenen Wegen. Der Brera wird in eine Zeit geboren, in der die Umstrukturierung weitestgehend abgeschlossen ist, die Weichen für die vorteilhafte Nutzung von Synergien mit den anderen Abteilungen und Marken des Konzerns gestellt sind und der Weg in die sportliche Exklusivität nun auch dem Publikum aufgezeigt wird.

Somit ist das zweisitzige Coupé Signal und Vision gleichermaßen. Und damit hat dieser Prototyp einige Vorbilder, die ebenfalls spezielle Epochen der einzigartigen Marken verkörpern. So zum Beispiel der 1996 in

Paris erstmals gezeigte Nuvola, der vom heutigen Direktor des Centro Stile Alfa Romeo entworfene Sechszylinder-Sportwagen. Er steht nicht nur wegen seiner Form- und Farbgebung symbolisch für die gelungene Privatisierung der traditionsreichen Marke durch Fiat und ihre erfolgreiche Renaissance, die mit der aktuellen Modellpalette eingeläutet wurde. Oder der keilförmige Protéo von 1991, der die Form des Spiders und des GTV vorwegnimmt, Bezüge zum Alfa 164 aufweist und unter der Kunststoff-Karosserie mit technisch aufwändigen Bauteilen aufwartet. Dazu gehören der ausgefeilte Allradantrieb (nimmt die Q4-Versionen vorweg) und ein aktives Fahrwerk, der hoch entwickelte, klassische Alfa Romeo V6 mit nun 24 Ventilen oder das mittlerweile bei anderen Herstellern in Serie verwirklichte feste Dach, das den Wagen auf Knopfdruck von einem Coupé in einen Roadster verwandelt. Der Protéo entsteht als Zeugnis und Versicherung gleichermaßen. Schließlich soll die eingeschworene Gemeinschaft der Alfisti den damals neuen Einfluss von Fiat

nicht als Bedrohung, sondern als Chance für Alfa Romeo sehen dürfen.

Das Design des Protéo stammt aus dem Centro Stile Alfa Romeo. Und auch an einem Sinnbild für die aussichtsreiche Zukunft der erfolgreich privatisierten Marke arbeitet die eigene Designabteilung. Eine Coupé-Studie des Centro Stile Alfa Romeo soll die stilistische Zukunft der Marke aufzeigen und gleichzeitig einen Ausblick auf das längst beschlossene Hochleistungscoupé geben, mit dem Alfa Romeo den GTV ablösen und zukünftig den Anschluss an die Maserati-Produktpalette anstreben wird. Tatsächlich wird der neue Sportwagen damit in die Fußstapfen der Sportwagen Tipo 33 Stradale und Montreal treten. Das Leistungsbekenntnis ist mehrfach gegeben, die Eckdaten sind schon seit geraumer Zeit keine Unbekannten mehr.

Und so ist es denn auch kein Wunder, dass die Stylisten aus der Designschmiede von Altmeister Giorgetto und Sohn Fabrizio Giugiaro in Genf einen Alfa Romeo präsentieren, auf den die bislang vage Beschreibung exakt zu passen scheint. „Giugiaro hat die Inhalte, die auch wir in Zukunft in der Palette entwickeln wollen,

gut erfasst und umgesetzt", erklärt der für Alfa Romeo seit der Umstrukturierung verantwortliche Ingegnere Daniele Bandiera. Giugiaros Entwurf kommt dem Prototypen aus Arese zuvor; die Übergabe des Staffelholzes von Andreas Zapatinas an Wolfgang Egger und die hohe Zahl an Zukunftsprojekten bringen den Brera auf die Überholspur.

„Die sportlich schlanke Linienführung und italienische Eleganz sind typisch für Alfa", so Bandiera, „und Giugiaro greift dabei ganz richtig auf Themen zurück, die seit Jahrzehnten Ausdruck unserer Marke sind." Doch Daniele Bandiera lenkt den Blick auf den noch in Arbeit befindlichen Sportwagen mit internem Projektnamen Sportiva Evoluta, „den unsere Konstrukteure und Designer gemacht haben, die in die gleiche Richtung arbeiten, aber mit anderen Vorgaben und Ergebnissen."

Unter der dynamischen Karosserie des Brera garantieren 400 Pferdestärken aus acht Zylindern den Vortrieb, der für die sportlichsten Fahrzeuge aus Mailand Standes gemäß sein soll. Während im Centro Stile mit Hochdruck an den Nachfolgern von Alfa 156 und Alfa 166 sowie an der Koordination des in gut zwei Jahren zu erwartenden neuen Spiders gearbeitet wird, schafft Giugiaro praktisch eine Machbarkeitsstudie mit großem Realitätsbezug.

Der Fahreindruck des heckgetriebenen Brera ist dem des Maserati-Coupés nicht unähnlich. Kunststück, schließlich arbeitet unter der flachen, lang gestreckten Haube des einzigen existierenden und voll fahrtüchtigen Brera das V8-Triebwerk des Maserati. Dieser neue Achtzylinder mit gut 4,2 Litern Hubraum stammt aus dem Hause Ferrari, dient zukünftig als Basis für die achtzylindrigen Sportwagen aus der Emilia Romagna. „Alfa Romeo hat eine gleicher Maßen berühmte wie ruhmreiche Vergangenheit in Sachen Hinterradantrieb", so Bandiera, „man denke nur an die De Dion-Achse und den Transaxle-Antrieb á la Alfetta." Durch eine geringe Anhebung des Motors ließe sich leicht ein moderner Allradantrieb verwirklichen. „In unserem Concept Car sollen fortschrittliche Themen entwickelt werden, die die Kontrolle immer höherer Leistungen erlauben und dabei absolute Sicherheit bieten. Außerdem werden wir keine Konzern-Bauteile verwenden, sondern ausschließlich Alfa-Komponenten."

In puncto Brera lässt sich darüber streiten, ob die nach oben aufschwingenden Türen, das großflächige Glasdach oder die Gestaltung des Interieurs tatsächlich serientauglich sind. Doch darum – gleich ob Brera oder Sportiva Evoluta – geht es gar nicht. Es geht um das Glaubensbekenntnis an die große Zukunft der Marke. Und um das Bewusstsein der Verantwortlichen, ihrer reichen Tradition gemäß zu handeln.

Brera (ItalDesign 2002)	
zweisitziges Coupé	
Länge, Breite, Höhe (in mm)	4388 x 1894 x 1289
Radstand (in mm)	2595
V8-Motor, längs in Front montiert	
Hubraum (in cm^3)	4244
Leistung (in PS bei U/min)	400 bei 7000
sequenzielles Sechsganggetriebe, Heckantrieb	

... und seine Vorgänger

Die Scheinwerfer ruhen unter Lamellen. Sie werden beim Montreal Serie. Aber gegen den Carabo ist der „Monti" eine zahme Katze ...

Tipo 33 Carabo

Das grüne Wunder

Flach wie eine Flunder, in strenger Keilform und mit Türen, die sich wie Insektenflügel gen Himmel heben, so sorgt der Bertone-Prototyp auf dem Pariser Salon 1968 für Aufsehen. Die ultraflache Kunststoffkarosserie mit der großflächigen Verglasung stammt aus der Feder des damaligen Bertone-Chefdesigners Marcello Gandini, die Technik darunter direkt vom Alfa Romeo Werksrennstall Autodelta. Chassiskonstruktion, Motor und Getriebe sind identisch mit der des Sportwagen-Prototyps Tipo 33/2. Neben den Rennern entstehen auch 18 straßenzugelassene Mittelmotorflundern mit der Bezeichnung Tipo 33 Stradale. Der Carabo ist einer von mehreren Prototypen, die bei Bertone, ItalDesign oder Pininfarina in Aufsehen erregende Form gebracht werden. Der Carabo gibt einen guten Ausblick auf die Keilform, wie sie durch die Einführung von Spoilern zusehends im Rennsport Einzug erhält. Der Tipo 33TT12 und 33SC12, der 1975 und '77 die Sportwagen- und Marken-WM-Titel erobert, ist sicherlich ein extremer Nachfolger. Aber auch die Serienfahrzeuge aus Mailand nehmen diese Form auf, die Jahre später zum stylistischen Standard avanciert.

Die Haube schmückt sich erstmals mit Lamellen, die später bei Lancia Stratos und Lamborghini Miura Serie werden. Darunter verbirgt sich der zweilitrige V8 mit 230 PS. Die vom Centro Storico Alfa Romeo angegebene Höchstgeschwindigkeit von 195 km/h mutet da hingegen unwahrscheinlich niedrig an, schließlich erreicht der Serienbruder mit Scaglione-Karosse damals atemberaubende 260 km/h.

Aus historischer Sicht ist der Carabo noch eindrucksvoller als damals: Er bringt neue Design-Ideen und wird zum Urvater epochaler Traumwagen wie Lamborghini Countach oder Lancia Stratos, die wiederum selbst starke Auswirkungen auf das Stilempfinden der 70er-Jahre haben.

Innovativ sind die Fenster, die aus einem speziell beschichteten Glas bestehen. Es ist stark getönt und passt sich – je nach Lichtverhältnissen – diesen selbständig an. Die riesigen Seitenscheiben in den hydropneumatisch aufschwingenden Flügeltüren machen die Existenz eines kleinen Schiebefensters notwendig. ■

Carabo (Bertone 1968)	
zweisitziges Coupé	
Länge, Breite, Höhe (in mm)	4170 x 1780 x 990
Radstand (in mm)	2350
V8-Motor, längs in Mitte montiert	
Hubraum (in cm^3)	1995
Leistung (in PS bei U/min)	230
Sechsganggetriebe, Heckantrieb	

Der Caimano dient als Demonstrationsobjekt: Die flache Front weist auf die kompakte Bauweise des Alfasud hin.

Alfasud Caimano

Von einem anderen Stern

Als Alfa Romeo 1971 sein neues Automobil auf dem Turiner Salon präsentiert, wirkt es wie ein Wagen von einem anderen Stern: Die moderne Konstruktion des kompakten Vierzylinders begründet den Stil eines bis heute überaus populären Fahrzeugsegments. Doch als wäre der neue Alfasud mit seinem kompakt bauenden, tief montierten Boxermotor, großen Innenraum und Bremsscheiben am Getriebe (für geringere ungefederte Massen) nicht schon aufregend genug, zeigt Giorgetto Giugiaro, nun als Kopf seines neu gegründeten Unternehmens ItalDesign, seine Phantasien in Form einer weitaus futuristischeren Studie.

Hintergrund für die stilistische Fingerübung ist der Wunsch, diese kompakte Bauweise der Sud-Antriebseinheit zu verdeutlichen. Unter der spitz zulaufenden Haube des Kunststoffkeils finden nicht nur Serienmotor und -Getriebe des neuen Fronttrieblers Platz, sondern auch dessen Federbeine. Und darum werden die Alfa-Ingenieure noch heute von den Designern beneidet.

Bei dem kurzen Keil namens Caimano handelt es sich um einen fahrfähigen Prototypen mit der Technik des neu entwickelten Alfasud (1186 cm^3, 63 PS). Allerdings ist der Radstand des Fronttrieblers verkürzt. Und die knapp geschnittene Karosserie besteht aus GfK. Dank des futuristischen Auftritts und der chromfarbenen Sitze erweckt der Caimano den Eindruck, er wäre direkt einem Science-Fiction-Film entsprungen. Der kräftige Überrollbügel über der Hinterachse markiert mit 1,09 Metern den höchsten Punkt des 2+2-Sitzers. Die vorderen Passagiere sitzen unter einer großen Glas-Kuppel. Sie ist Teil der gleicher Maßen aus Dach, Türen und Windschutzscheibe bestehenden, nach vorn aufschwingenden Haube, die mit einem Mal den Einstieg zum Interieur freigibt. Kontakt zur Außenwelt, etwa an Autobahn-Mautstationen, können die Insassen einzig durch eine kleine seitliche Klappe halten.

Nach dem Debüt des Caimano brechen stilistisch ruhigere Zeiten an. An Stelle der Ende der 60er und Anfang der 70er zahlreichen Concept Cars treten nüchternere Fahrzeuge mit größerem Realitätsbezug. Die Energiekrise und die sich in Sachen Automobil weltweit wandelnde Einstellung zeigen Wirkung. ■

Alfasud Caimano (ItalDesign 1971)	
2+2-sitziges Coupé	
Länge, Breite, Höhe (in mm)	3920 x 1650 x 1090
Radstand (in mm)	2250
Vierzylinder-Boxermotor, längs in Front montiert	
Hubraum (in cm^3)	1186
Leistung (in PS bei U/min)	63
Vierganggetriebe, Frontantrieb	

caimano

Ein festes Dach, das das Allrad-Coupé auf Knopfdruck zum Roadster verwandelt – ein Konzept, das andere mit Erfolg in die Serie umsetzen

Alfa Romeo Protéo

Das Allroundgenie

Der Star des Genfer Salons anno '91 ist ein wahrer Verwandlungskünstler: Roadster und Coupé. Seine rote Farbe richtet den Blick in die traditionsreiche Vergangenheit und gibt gleichzeitig, metallisée als Symbol, den Ausblick in die Zukunft der Mailänder Avantgardemarke. Unter der Karosserie befinden sich High-Tech-Bausteine wie der moderne Allradantrieb, das automatische Fahrwerk á la Formel 1 oder der kraftvolle Sechszylinder mit 24 Ventilen, wie er einst im Alfa 164 und heute in allen Fahrzeugen der Modellpalette Verwendung findet.

Der Protéo ist der erste Prototyp, den die nun privatisierte Marke zeigt. Verantwortlich zeichnet der von I.DE.A. kommende Leiter des Centro Stile Alfa Romeo, Walter da Silva. Der Name Protéo schafft den Bezug zum Prototypen und dem griechischen Gott Proteus, der ebenfalls die Fähigkeit besaß, sein Erscheinungsbild zu verändern. So auch die Roadster-Coupé-Studie mit vollständig hinter den Sitzen versenkbarem Glasdach. Das Dach ist in zwei Teile, Targadach und Heckscheibe, aufgeteilt und für ein besseres Innenraumklima spezialbeschichtet.

Der permanente Allradantrieb mit Viscomatic (dabei steuert eine Visco-Kupplung die Kraftverteilung zentral, den Anforderungen nach, zwischen den Achsen) und Torsen-Differenzial an der Hinterachse sorgt für Kraftschluss des bulligen Dreiliters mit der Straße. Eine Allradlenkung lässt den Wendekreis auf handliche 8,90 Meter schrumpfen. Ihre Steuerung dient als Vorbild für elektro-hydraulische Servolenkungen, wie sie heute den Serienstand darstellen. Darüber hinaus verfügt der Protéo über ein adaptives, elektronisch verstellbares Fahrwerk.

Linienführung und Details dienen als stilistische Übung für Alfa Spider und GTV der Baureihe 916. Doch der Protéo ist nicht nur ein Geschmacksmuster für das sportliche Doppel Jahrgang '94/'95, er ist das Bekenntnis des Fiat-Konzerns zu der einzigartigen Marke in der fortschreitenden Zeit der Privatisierung durch Fiat. Das kräftige Rotmetallic wird als Rosso Protéo in die Lieferpalette übernommen. Es orientiert sich am klassischen Alfarot und wird dennoch dem starken Trend zu gedeckten Metallic-Tönen gerecht. ■

Protéo (Centro Stile Alfa Romeo 1991)	
zweisitziges Coupé/Roadster	
Länge, Breite, Höhe (in mm)	4155 x 1812 x 1350
Radstand (in mm)	2510
V6-Motor, quer montiert	
Hubraum (in cm³)	2959
Leistung (in PS bei U/min)	256 bei 7200
Fünfganggetriebe, Allradantrieb	

Der Nuvola dient nicht nur als Namensgeber für eine Farbe. Er wird zur Studie, die die Renaissance der Marke symbolisiert.

Alfa Romeo Nuvola

Die Zeitmaschine

Sportwagenfans weinen dem Nuvola noch immer die eine oder andere Träne nach. Obgleich die Präsentation der wunderschönen Studie auf der Pariser Motor Show 1996 schon sechs Jahre zurück liegt, sehnen sich noch immer viele den Serienanlauf herbei. Die Form stammt aus der Feder von Wolfgang Egger, dem heutigen Direktor des Centro Stile Alfa Romeo. Damals gibt sie einen stilistischen Ausblick auf die heutige Modellpalette. Die neue, irisierende Farbe wird für den Alfa 156, Alfa 166, Alfa Sportwagon, Alfa 147 sowie Spider und GTV übernommen. Sie lehnt sich am klassischen „celeste" (hellblau) aus der Alfa-Historie an, interpretiert sie dennoch neu. Der Name erinnert an den großen Alfa Romeo Piloten Tazio Nuvolari, steht jedoch auch für die Wolken am hellblauen Himmel.

Aber auch die Konstruktion des Sportlers ist interessant: So wartet der Sechszylinder-Sportwagen mit einer neuartigen Space-Frame-Konstruktionstechnik auf. Der Computer berechnete Spaceframe aus hoch festem Stahlblech sorgt bei geringem Gewicht für eine hohe Verwindungssteifigkeit und gewährleistet damit die Umsetzung hoher fahrdynamischer Qualitäten und Insassenschutz. Diese Bauweise lässt sich kostengünstig realisieren und ohne großen Aufwand modifizieren. Und sie ermöglicht die wirtschaftliche Produktion individueller Fahrzeuge auch in geringeren Stückzahlen. Fiat realisiert beispielsweise den Multi-Van Multipla auf Basis dieser Architektur.

Die Kunststoffkarosserie zeigt klassische Proportionen: lange Haube und ein knapp geschnittener, lediglich für zwei Insassen vorgesehener Passagierraum. Das Holzlenkrad mit polierten Aluspeichen ist ein weiterer Hinweis darauf, dass es sich beim Nuvola um eine zeitgemäße Interpretation eines Alfa Romeo 8C 2900 oder 6C 2500 Coupés handelt. Die schmalen Rückleuchten dienen als Studie für die mittlerweile nach und nach in die Serienfertigung einfließende LED-Technik. Und unter der langen Haube residiert ein quer montierter 2,5-Liter-Sechszylinder, der dank zweier Turbolader und Ladeluftkühler 300 Pferdestärken mobilisiert, die ihre Kraft an die vier üppigen 18-Zoll-Räder weitergeben.■

Nuvola (Centro Stile Alfa Romeo 1996)	
zweisitziges Coupé	
Länge, Breite, Höhe (in mm)	4286 x 1859 x 1235
Radstand (in mm)	2600
V6-Biturbo-Motor, quer montiert	
Hubraum (in cm^3)	2492
Leistung (in PS bei U/min)	300 bei 6000
Sechsganggetriebe, Allradantrieb	

Wiederholungstäter

Tourenwagen-EM 2002

Einen derartigen Lauf kann im Motorsport kein Zweiter aufbieten: Als Fabrizio Giovanardi schon beim EM-Lauf in Donington, der vorletzten Veranstaltung des Jahres, erneut als Europameister fest steht, ist es bereits sein sechster Titelgewinn in Folge. Sicher nicht in der Europameisterschaft. Erst seit drei Jahren wird europaweit gerannt, in der Saison 2000 in der Euro STC (Super Touring Cup) und seitdem in einer offiziell von der FIA ausgeschriebenen Europa-Meisterschaft. Damit ist das aus Super Touring Cup und Euro STC hervorgegangene Championat die unterhalb von Formel-1- und Rallye-WM weltweit höchstrangige Tourenwagen-Rennserie.

Doch der 35-jährige Tourenwagen-Könner aus dem italienischen Sassuolo hat vor den EM- und Euro STC-Titeln auch zweimal die Italienische und einmal die Spanische Tourenwagen-Meisterschaft für sich entscheiden können. 1997, seinem Premierenjahr im Nordauto-Team, wurde er sogar noch Vizemeister in der Italienischen Meisterschaft. In jenem Jahr diente ihm ein Alfa 155 als Dienstwagen, seit dem machte er den Alfa 156 zum Seriensieger. Der Vollständigkeit halber sei erwähnt, dass Giovanardi bereits 1992 erstmals Italienischer Tourenwagen-Meister wurde. Allerdings in der kleineren S2-Klasse, schließlich entschied sein inzwischen langjähriger Teamkollege

Fabrizio Giovanardi erobert mit Alfa Romeo seinen sechsten Tourenwagen-Titel in Folge.

Für den Alfa 156 ist es der dritte EM-Titel in Folge. Damit ist ihm ein Ehrenplatz in der Riege seiner nicht minder erfolgreichen EM-Vorgänger Giulia Sprint GTA und Alfetta GTV6 sicher.

Erst in der zweiten Saisonhälfte – nach Hilfestellung seitens der FIA – rückt BMW den „Roten" auf die Pelle.

Nicola Larini mit seinem allradgetriebenen Alfa 155 GTA diese Meisterschaft für sich.

Alfa Romeo und der Tourenwagen-Sport – eine Liebe, die nie rostet. Die legendären Tourenwagen aus Mailand haben in fast allen Epochen und erdenklichen Fahrzeugkategorien Motorsportgeschichte geschrieben. So auch auf dem Tourenwagen-Sektor. Unvergessen sind Fahrzeuge wie der Giulia Sprint GTA und GTAm, mit dem Alfa Romeo von 1965 bis 1972 nicht weniger als sieben Europameisterschaften gewinnt. Oder die Alfetta GTV6, die es Mitte der 80er-Jahre viermal in Folge zum EM-Titelträger bringt. Und natürlich der spektakuläre Alfa Romeo 155 V6 TI, mit dem Nicola Larini 1993 Deutscher Tourenwagen-Meister wird, sowie die kleinere, frontgetriebene Klasse-2-Variante, die ebenfalls mehrfach zu Titelehren kommt.

Im Hinblick auf die erfolgreiche Vergangenheit in der jeweils zeitweise ausgeschriebenen EM zögert Alfa Romeo keine Sekunde und schickt die als Werksteam fungierende Nordauto-Mannschaft an den Start. Und seitdem sichert sich Fabrizio Giovanardi, der erfolgreichste Alfa Romeo-Pilot der Gegenwart, souverän den Titel. 2000 und 2001 gewinnt Giovanardi mit einem Super Touring Car, einem frontgetriebenen Zweiliter-Rennwagen nach STW-Reglement. Auch wenn die frontgetriebenen Renner anfangs verschrieen sind, so entwickeln sie sich doch in ihrer Entwicklungszeit seit 1993 zu ernsthaften, kostspieligen und hochgezüchteten High-Tech-Boliden. Der hohe Finanzaufwand führt seitens der FIA zu einem drastischen Einschnitt. Die Tourenwagen-Europameisterschaft soll sich nicht zuletzt dank eines neuen, zeitgemäßen Regelwerks in den nächsten Jahren zu neuer Blüte entwickeln.

Der Schlüssel heißt Super 2000. Dabei steht die Zahl 2000 für den Hubraum der verwendeten Motoren. Technisch liegen die neuen Super 2000-Fahrzeuge zwischen den alten Super-Tourenwagen, mit denen Alfa Romeo von 1993 bis 2001 in verschiedenen Rennserien zahlreiche Titel holt, und den aus der Deutschen Tourenwagen Challenge (DTC) bekannten Produktionswagen. Die Optik der Rennwagen ist bewusst seriennah gehalten. Die Karosserie darf gegenüber dem Serienmodell nur um drei Prozent verbreitert werden. Der Frontspoiler weicht nur minimal vom Serienfahrzeug ab, der vom Reglement erlaubte Heckflügel ist verhältnismäßig klein. Alle Autos rollen auf 17 Zoll

Für den Einsatz der erfolgreichsten Alfa Romeo zeichnet das erfolgsverwöhnte Nordauto-Team verantwortlich. Aber auch Teams aus anderen Nationen bringen den Alfa 156 GTA auf die Piste.

großen Einheitsreifen. Um die Kosten in einem überschaubaren Rahmen zu halten sind die Zweiliter-Motoren der Super 2000-Fahrzeuge auf Haltbarkeit ausgelegt. Die Leistung der drehzahlbegrenzten Triebwerke liegt zwischen 250 und 270 PS. Monatelang wurde am Technischen Reglement der neuen Kategorie gefeilt. In unzähligen Treffen der interessierten Hersteller und der Tourenwagen-Kommission des Weltverbands FIA wurden zwei Details dabei ganz besonders kontrovers diskutiert: Das Getriebe und die Einstufung von Front- und Heckantrieb.

Das Ziel der FIA ist klar: Sie will möglichst vielen Herstellern ein Engagement in der neuen Tourenwagen-Europameisterschaft ermöglichen. Da gleichzeitig der Bezug zur Serie erhalten bleiben soll, kommt für die Regelmacher eine Begrenzung auf Heckantrieb, wie etwa in der DTM (Deutsche Tourenwagen Masters), nicht in Frage. Schließlich rollen die meisten Serienfahrzeuge weltweit mit Frontantrieb vom Band. Die Kunst bestand also darin, ein Reglement zu schaffen, das Fahrzeugen mit Front- und Heckantrieb gleiche Chancen einräumt. Wie schwierig das ist, ist noch aus der Super-Tourenwagen-Ära bekannt. In dieser Kategorie dominierten zunächst die Fahrzeuge mit Heck- oder dem damals noch zugelassenen Allradantrieb. Die frontgetriebenen Modelle wurden im Laufe der Zeit allerdings immer stärker. Gerade auf dem Sektor der Getriebe und Differenziale wurden in den 90er-Jahren derart große Fortschritte gemacht, dass die Fronttriebler am Ende den Traktionsvorteil der Hecktriebler weitgehend wettmachten.

Trotzdem entscheidet die FIA, den Fahrzeugen mit Heckantrieb in der neuen Super 2000-Kategorie ein Gewichtshandicap von 30 Kilogramm zu verordnen. Im Gegenzug geht der Weltverband auf den Wunsch von BMW ein, nur konventionelle H-Schaltungen mit fünf Gängen zuzulassen. Eine kostspielige Entscheidung, denn viele Motorschäden in der Premierensaison 2002 gehen auf das Konto von Schaltfehlern, die bei den heute im Motorsport üblichen sequenziellen Schaltungen eigentlich nicht mehr vorkommen können. „Die Gänge liegen so eng zusammen, dass man ganz schnell einen falschen Gang erwischt“, stellt der Alfa Romeo Fahrer Gabriele Tarquini fest, als er gegen Saisonende sein Debüt in der Europameisterschaft gibt. Die Folge der Klagen und Schäden: Ab 2003 werden sequenzielle Schaltungen in der EM zugelassen. Auch in der Gewichtsdiskussion bessert die FIA im Saisonverlauf nach. Nachdem Alfa Romeo mit dem neuen 156 GTA neun der ersten zehn Rennen für sich entscheidet, wird das Gewicht für Front- und Hecktriebler angepasst.

Gleichzeitig wird das Drehzahllimit für Motoren mit mehr als vier Zylindern erhöht. Mitten in der Saison sieht sich das Alfa Romeo-Werksteam Nordauto damit um die Früchte der harten Arbeit gebracht.

N.Technology, die aus Abarth und Fiat Auto Corse hervorgegangene neue Motorsport-Entwicklungsabteilung, gewinnt im Winter den Wettlauf mit der Zeit und präsentiert schon frühzeitig das erste Fahrzeug, das exakt den neuen Super 2000-Regeln entspricht. Während die Konkurrenz noch mit halbfertigen Autos testet, absolvieren die Alfa Romeo-Piloten bereits Tausende von Testkilometern.

Das Ergebnis zeigt sich auf der Rennstrecke: Die beiden Alfa Romeo-Werksfahrer Fabrizio Giovanardi und Nicola Larini dominieren die erste Saisonhälfte. Sechsmal siegt Giovanardi, dreimal sein Teamkollege. Das Nordauto GTA Racing-Team nimmt ganz klar Kurs auf den Titel. Wieder einmal, schließlich hat die Mannschaft um das Ehepaar Monica und Mauro Sipsz Routine im Sammeln von Titeln: 1991 beginnt die sportliche Laufbahn von Nordauto. Und zehnmal ist sie am Saisonende die beste Mannschaft. Eindrucksvoll sind auch die Zahlen, denn mit 114 Siegen in 335 Rennen gewinnt die Truppe gut jedes dritte Rennen. Dass es bei – immerhin noch beachtlichen – 77 Pole Positions bleibt, liegt am Startmodus der Rennserie, bei der der Zieleinlauf des ersten Rennens die Reihenfolge des zweiten Laufs bestimmt.

Doch zurück zum Renngeschehen: „Wir waren schon beim ersten Rennen aussortiert, BMW und Volvo dagegen nicht“, erklärt Fabrizio Giovanardi, der in seiner italienischen Heimat liebevoll „Piedone“ genannt wird – zu deutsch: Bleifuß.

Um Front- und Hecktriebler auf ein einheitliches Gewicht zu bringen, muss der Alfa Romeo 156 GTA Super 2000 immerhin 15 Kilogramm zuladen. Da die FIA gleichzeitig ein Handicapsystem einführt, das für den erfolgreichsten Fahrer des vorangegangenen Rennwochenendes 30 Kilogramm Zusatzgewicht vorsieht, müssen die Alfa-Techniker auf einmal bis zu 45 Kilogramm Mehrgewicht hinnehmen. Das bedeutet zusätzliche Testkilometer und Überstunden für die N.Technology-Mannschaft. „Das Fahrverhalten hat sich dadurch spürbar verändert“, so Fabrizio Giovanardi. „Über die Renndistanz ist die Auswirkung größer als im Training.“

Der breite Zweiliter-Renner hört trotz Vierzylinder ebenfalls auf die Bezeichnung GTA.

Das deutsche EM-Gastspiel in Oschersleben wird zur ersten Veranstaltung nach der Regeländerung – und Alfa Romeo ist plötzlich chancenlos. Während BMW zwei überlegene Doppelsiege feiert, holt Nicola Larini zwei magere sechste Plätze. Tabellenführer Fabrizio Giovanardi kommt nicht einmal in die Nähe der Punkteränge. Die Begeisterung der Alfa-Piloten für die plötzliche Regeländerung hält sich verständlicherweise in Grenzen. „Man versucht, die Meisterschaft künstlich spannend zu machen", ärgert sich Fabrizio Giovanardi. „Für uns wird es nun doppelt schwer: Am Start sind die BMW mit dem Heckantrieb von Anfang an im Vorteil gewesen. Und jetzt sind sie auch noch schneller."

Obwohl die Alfa Romeo-Piloten in der ersten Saisonhälfte regelmäßig aus der ersten Reihe starten, haben die BMW-Fahrer dank des Traktionsvorteils in der ersten Kurve fast immer die Nase vorn. Zweites Problem: Im zweiten der beiden Läufe starten die ersten Sechs des ersten Durchgangs jeweils in umgekehrter Reifenfolge. „Dadurch", so Giovanardi, „stehen die BMW beim zweiten Start meistens vor uns." Viel Zeit, Boden gut zu machen, bleibt den Alfisti bei den 20 Saisonrennen dabei nicht. Die Läufe gehen über die extrem kurze Distanz von je 50 Kilometern. „Da muss man von der ersten Sekunde an Vollgas geben", stellt auch BMW-Werksfahrer Jörg Müller fest. „Für die Zuschauer ist das eine tolle Show."

2002 2002 2002

Tourenwagen-EM

Pos.	#	Fahrer	Punkte
1	1	Fabrizio Giovanardi	122
2	42	Jörg Müller	93
3	2	Nicola Larini	86
4	43	Dirk Müller	70
5	60	Rickard Rydell	56
6	10	Fredrik Ekblom	21
7	7	Tom Coronel	16
8	5	Jordi Gené	12
9	21	Duncan Huisman	9
10	14	Paolo Ruberti	7
11	61	James Hanson	7
12	4	Roberto Colciago	6
13	6	Fabrizio De Simone	5
14	56	Gabriele Tarquini	4
15	11	Tommy Rustad	2
16	9	Peter Kox	1
17	15	Luis Villamil	1
18	20	Tom Ferrier	1
19	22	Pierre-Yves Corthals	1
Pos.		**Hersteller**	**Punkte**
1		Alfa Romeo	217
2		BMW	192
3		Volvo	63
4		Nissan	2

Die Spannung bleibt auch in der zweiten Saisonhälfte erhalten. Den Technikern von N.Technology gelingt es, den Alfa 156 GTA an das höhere Mindestgewicht anzupassen und mit den Handicapgewichten zu leben, die aber – im Erfolgsfall – auch die Konkurrenz treffen. Trotzdem zeigt sich, dass die gewünschte Wirkung der neuen Regeln zu Lasten der Alfa-Mannschaft eintrat: Sechsmal siegte BMW, nur noch viermal Alfa Romeo.

Trotzdem gibt es für das Team Nordauto GTA Racing ein Happy End. Mit zwei Siegen beim „Heimspiel" im sizilianischen Pergusa legt Fabrizio Giovanardi den Grundstein zum Titelgewinn, schon bei der vorletzten Veranstaltung in Donington macht „Piedone" den Sack zu. Damit holt der Italiener seinen sechsten Titel in Folge. Die Saisonbilanz fällt eindrucksvoll aus: 13 Siege bei 20 Rennen, Platz eins und drei in der Europameisterschaft. Der Alfa Romeo 156 GTA ist bereits in seiner Debütsaison das Auto, das es zu schlagen gilt und der gleichzeitig die drei magischen Buchstaben „GTA" wieder aufleben lässt. Schon in den 60er-Jahren und Anfang der 70er-Jahre war die Giulia Sprint GTA das Maß der Dinge und holte mit Fahrern wie Andrea de Adamich und Toine Hezemans sieben EM-Titel.

Und nach den drei europäischen Erfolgen ist der Siegeshunger der Alfa-Piloten noch lange nicht gestillt: Nicola Larini wartet auf seine Chance, Serien-Champion Giovanardi vom Thron zu stoßen und wieder einmal eine Meisterschaft für sich zu entscheiden. Ob Larini, Roberto Colciago oder Alfa-Heimkehrer Gabriele Tarquini die besseren Karten auf der Hand hält, wird sich in der kommenden Saison auf den Strecken Europas entscheiden. Sicher ist indes, dass sie den Fans spektakuläre Rennen bieten werden – live zu sehen auf Eurosport.

FIA EUROPEAN TOURING CAR CHAMPIONSHIP

Magny-Cours (F) 21. April		Silverstone (GB) 5. Mai		Brno (CZ) 19. Mai		Jarama (E) 2. Juni		Anderstorp (S) 30. Juni		Oschersleben (D) 14. Juli		Spa-Francorchamps (B) 3. August		Pergusa (I) 22. September		Donington Park (GB) 6. Oktober		Estoril (P) 20. Oktober	
10	10	6	10	10	10	10	6	6	3	3	0	2	0	10	10	3	3	10	0
2	2	4	0	2	3	4	3	3	10	6	6	6	10	3	4	2	10	3	10
6	6	10	6	4	4	6	10	10	2	1	1	10	0	6	3	0	0	0	1
4	4	2	3	6	6	3	4	0	1	10	10	0	0	4	1	10	2	0	0
3	3	3	4	0	1	0	0	4	6	4	4	3	6	0	0	6	0	6	3
1	1	0	1	0	0	0	2	0	4	0	0	4	0	2	2	0	0	0	4
0	0	0	0	0	0	1	0	0	0	0	0	0	4	0	0	0	1	4	6
0	0	0	0	0	0	0	0	2	0	0	3	0	3	0	0	0	4	0	0
0	0	0	0	0	0	0	0	0	0	0	0	0	0	0	0	1	6	0	2
0	0	1	2	0	0	2	0	0	0	0	0	0	2	0	0	0	0	0	0
0	0	0	0	3	2	0	0	0	0	0	0	0	1	0	0	0	0	1	0
0	0	0	0	0	0	0	0	0	0	0	0	0	0	0	6	0	0	0	0
0	0	0	0	0	0	0	0	0	0	2	2	0	0	1	0	0	0	0	0
0	0	0	0	0	0	0	0	0	0	0	0	0	0	0	0	4	0	0	0
0	0	0	0	0	0	0	0	0	0	0	0	0	0	0	0	0	0	2	0
0	0	0	0	0	0	0	1	0	0	0	0	0	0	0	0	0	0	0	0
0	0	0	0	1	0	0	0	0	0	0	0	0	0	0	0	0	0	0	0
0	0	0	0	0	0	0	0	1	0	0	0	0	0	0	0	0	0	0	0
0	0	0	0	0	0	0	0	0	0	0	0	1	0	0	0	0	0	0	0
16	16	16	16	14	14	16	16	16	5	4	1	12	2	16	16	7	3	10	1
6	6	6	4	8	9	7	7	5	14	16	16	10	14	7	6	12	16	7	16
3	3	3	4	3	3	0	0	4	6	4	4	3	7	0	0	6	0	7	3
0	0	0	0	0	0	0	0	0	0	0	0	0	0	0	0	0	0	2	0

Der kreative Kopf und eine Charakterdarstellerin

40 Jahre Giulia / Portrait Wolfgang Egger

Die frühen Giulia 1300 T.I. und Giulia 1300 Super lassen sich auf den ersten Blick an den kleineren Türgriffen von späteren Modelen unterscheiden.

Als Wolfgang Egger im Februar 1963 das Licht der Welt erblickt, hat Giulia bereits die ersten Köpfe verdreht. Ihren Premierenauftritt feiert die temperamentvolle Italienerin am 27. Juni des Vorjahres im königlichen Park von Monza. Und sie erobert die Herzen sportlich orientierter Automobilisten im Sturm. Wolfgang Egger braucht dafür – zwangsläufig – ein paar Jahre länger. Dennoch spielt der heutige Direktor des Centro Stile Alfa Romeo eine nicht minder nachhaltige Rolle für die Freunde der Mailänder Avantgardemarke.

Mit dem Erscheinen der Giulia zündet Alfa Romeo die nächste Stufe eines Feuerwerks, das der Mailänder Avantgardemarke die Existenz im Reigen der Automobilhersteller sichert. Die Zeiten der Manufaktur sind bereits mit Erscheinen des 1900 und – vor allem – der Giulietta-Familie Vergangenheit. Doch erst die Giulia markiert den großen Schritt zu bislang ungekannten Produktionszahlen.

„Die Giulia verfügt unverkennbar über die DNA von Alfa Romeo. Sie hat sich sicherlich nicht in die Herzen geschmeichelt", erzählt Egger, „schließlich kam Alfa Romeo damals von der eher romantischen Linie der Giulietta-Modelle. Und die Giulia brach vollends mit dieser Tradition. „Aber", so erklärt der gebürtige

Die Giulia ist ein viertüriger Sportwagen und ein Meilenstein der facettenreichen Geschichte

Oberstdorfer, „sie ist ein reinrassiger Sportwagen – nur eben mit vier Türen."

Und das ist neu. Sicherlich, bereits die Giulietta ist ein ordentlich motorisierter Viertürer mit genetisch veranlagten sportlichen Talenten. Doch ihr fehlt noch die Konsequenz, die die „Jule" zur Urmutter späterer „GTI-Generationen" und das heutzutage große Lager so genannter „Sport-Limousinen" macht. „Bei der Giulia darf man eigentlich nicht von einer Limousine sprechen", sagt Egger, der erstmals 1984 zum Designteam in Arese stößt. „Konzeptionell handelt es sich um einen viertürigen Sportwagen. Die Sitzposition war damals eine Sensation. Die Art, wie sich dir das geschüsselte Lenkrad förmlich entgegen streckt und deine rechte Hand selbstverständlich den Weg zum Schalthebel

findet, faszinierten die Autowelt. Das Gefühl, die fünf (!) Gänge ohne lange Schaltwege und aufwändige, präzisionsfeindliche Umlenkkinematiken direkt im Getriebe zu sortieren, signalisiert Alfisti bis heute ohne Umschweife: Hier bist du zu Hause."

Und Wolfgang Egger ist bei Alfa Romeo zu Hause. So wie zahlreiche vom „Virus Alfa" infizierte automobile Feinschmecker auch. Allerdings mit einer nur von wenigen Gleichgesinnten umgesetzten Konsequenz: Eigentlich trägt sich der Bayer jahrelang mit dem Gedanken, Musik zu studieren. Doch kurz bevor es ernst wird, unterschreibt Wolfgang Egger die Anmeldeformulare für einen anderen Studiengang, der ihn nicht minder fasziniert: Industrial Design. Sudienort: Mailand. Und aus purem Interesse verbringt der Kreative bereits während des Studiums zahlreiche Tage im Centro Stile. Der Rest ist schon jetzt Legende: Egger wird zum kreativen Geist im Team um seinen langjährigen Vorgänger Walter de Silva. Eggers Ideen führen zum Alfa 156, geben den Rahmen für den Alfa 147 vor und werden mit dem Alfa 166 sowie dem Aufsehen erregenden Concept-Car Nuvola Realität.

Als de Silva Arese verlässt, folgt ihm Egger für einen kurzen Abstecher zu Seat. Doch heimisch fühlt er sich im Kreis seines langjährigen Teams, das Alfa Romeo ebenso wenig den Rücken kehren kann. Egger kehrt als Direktor zurück und führt die Mannschaft des Centro Stile in eine vor Ideen strotzende Zukunft.

Zum Musizieren kommt der Stardesigner heute kaum noch. Allenfalls selten greift er zur Violine. Doch dafür ist der charakteristische Klang des Doppelnocken-Vierzylinders der Giulia Musik in seinen Ohren. Für unge-

Giulia Super (1970)

Vita Alfa Romeo Giulia

1962	**Juni – Vorstellung in Monza** **Giulia T.I. (105.14)** Motorarchitektur wie Giulietta, allerdings Ölmessstab an rechter Seite, Fünfganggetriebe, Vorderbremsen mit drei Bremsbacken, neue Hinterachse mit geänderten Aufnahmen an der Karosserie, 1570 cm^3, 92 PS
1963	**Giulia T.I. Super (105.16)** 112 PS, zwei Doppelvergaser, Mittelschaltung, Leichtmetallräder, Sportsitze, Scheibenbremsen rundum
ab Aug.	**Giulia T.I. (105.14)** Scheibenbremsen rundum Serie
1964	**11. Mai Monza** **Giulia 1300 (105.06)** 1290 cm^3, 78 PS, erkennbar an Einzelscheinwerfern und magerer Ausstattung, Vierganggetriebe
ab Mai	**Giulia T.I. (105.08)** nun auch Mittelschaltung und Einzelsitze vorne erhältlich
1965	**Giulia Super (105.26)** 1570 cm^3, 98 PS, zwei Doppelvergaser (wie T.I. Super) **1300 T.I. (105.39)** 1290 cm^3, 82 PS, Fünfganggetriebe und kürzere Übersetzung (5,125), Solex-Vergaser 32 und erhöhte Verdichtung

Giulia Super T.I. (1963)

Giulia Super (1962)

1966 **Giulia T.I. (105.08)**
Retuschen wie Giulia Super und 1300 T.I.: Mittelschaltung, Rundinstrumente, neues Lenkrad, neue Sitzbezüge und Mittelarmlehne hinten, Edelstahlstoßstangen

1967 **Giulia 1300 (105.06)**
1290 cm^3, 78 PS, schwarzer Kühlergrill mit fünf Zierleisten, Lenkrad aus GT
1300 T.I. (105.39)
1290 cm^3, 82 PS, Bremskraftverstärker, Holzfolie und Rundinstrumente, schwarzer Grill mit drei Zierleisten, Lufteinlässe unterhalb der Windschutzscheibe
Giulia Super (105.26)
1570 cm^3, 98 PS, schwarzer Grill mit fünf Leisten, neues Lenkrad wie GT

1968 **Giulia 1600 S (105.85)**
1570 cm^3, 95 PS, ersetzt auslaufende T.I., technisch wie 68er Jahrgang (s. 1967)

1969 **Giulia 1300 T.I. (105.39)**
1290 cm^3, 85 PS, hydraulische Kupplung mit Membranfeder, Getriebe mit neuen Synchronringen und einteiligem Schalthebel, Rückwärtsgang einfacher einzulegen, Bremsstabilisator an Hinterachse, geänderte Motorlager und Hinterachsgelenke, größere Stoßstangen und -hörner
Giulia Super (105.26)
1570 cm^3, 102 PS, s. 1300 T.I., tief geschüsseltes Lenkrad

1970 **Giulia 1300 Super (115.09)**
1290 cm^3, 89 PS, Doppelvergasermotor aus GT 1300 Junior, Zweikreis-Bremssystem mit hängenden Pedalen, Sitze aus Giulia 1600 Super
Giulia Super (105.26)
1570 cm^3, 102 PS, Zweikreisbremssystem, hängende Pedale, neue Lichtmaschine, Handbremse auf Mitteltunnel, Anlasser an Lenksäule

trübten Hörgenuss hat der Oberstdorfer allerdings die ungefilterte, offene Variante gewählt: einen Duetto. Aber zurück zum Jubilar ...

Im Gegensatz zu den Punkten Temperament und Fahrgefühl ist die neue Form alles andere als selbstverständlich. Sie ist gewöhnungsbedürftig und damit seinerzeit nicht unumstritten. Doch Alfa Romeo wäre nicht Alfa Romeo, wenn die Stilisten aus dem Ufficio Stile – dem Büro, aus dem das heutige Centro Stile hervorgeht – nicht einen eigenständigen, modernen und dennoch zeitlosen Weg gesucht hätten. „Die Giulia verkörpert die ‚bellezza necessaria', die notwendige Schönheit, die fast alle Alfa Romeo kennzeichnet. Sie fand in einer einzigartigen, unverkennbaren Formsprache Ausdruck und war trotz fortwährender Evolution unverkennbar Alfa Romeo", erklärt Wolfgang Egger. Dass die Designer um Ingegnere Scarnati damals richtig lagen, beweist die mit 16 Jahren für ein Automobil beachtliche Produktionszeit des stets jugendlich wirkenden Mädchens.

„Auch wenn es nicht danach aussehen mag, ist die Giulia das erste Serienfahrzeug, das konsequent im Windkanal entwickelt wurde. Ihr Luftwiderstandsbeiwert, der sogenannte cW-Wert, ist mit 0,34 noch heute beachtlich. Damals ist er schlichtweg sensationell. Die Form ist extrem innovativ. Man braucht doch nur einmal das Straßenbild der 60er-Jahre vor seinem inneren Auge vorbei fahren zu lassen." Egger geht ins Detail: „Auf einmal kann ein windschlüpfiges Fahrzeug auf ein lang auslaufendes Heck verzichten." Das Abrissheck – unter Alfisti besser als coda tronca bekannt – macht Karriere. Sportlich wird sie mit den Erfolgen der Rennsportwagen Giulietta SZ und Giulia TZ untermauert.

Auch wenn die Giulia nicht Wolfgang Eggers absoluten Lieblings-Alfa darstellt, so spielt die Charakterdarstellerin für den Stil der Marke doch eine wichtige Rolle: „In direkter Verbindung zum einzigartigen Heck mit seinen prägnanten Einzügen und der typischen Einkerbung auf dem Kofferraumdeckel steht die offene Front. Sie presst sich förmlich – wie eine dynamische Faust – dem Luftwiderstand entgegen und verschlingt die Straße. Dabei lassen die sich nach vorne verjüngenden Linien den Wagen zugleich gefällig, solide und dynamisch wirken. Die Doppelscheinwerfer in unterschiedlicher Größe und das hervorstehende Scudetto unterstreichen den stolzen Eindruck."

„Es sind die auf den ersten Blick gegensätzlich wirkenden Elemente, die das Auge an den Viertürer heften", versucht Wolfgang Egger den Zauber der Giulia zu entschlüsseln. „Da ist beispielsweise die schlichte, saubere Flanke mit der darüber liegenden scharfen Schulter. Die hat förmlich Biss." Egger analysiert ebenso die Panoramascheiben und die Abrisskan-

EXTREM INNOVATIV: DIE GIULIA ENTSTAMMT DEM WINDKANAL

te des Dachs, die steil stehenden Seitenscheiben, die den Insassen viel Schatten geben, die Materialen im Interieur, Holz – auch am Lenkrad – Stoffe, Farben, ... „Zwangsläufig komme ich zu einigen wichtigen Eigenschaften, die auch heute noch den Unterschied zwischen einem Alfa Romeo und anderen, x-beliebigen Autos ausmachen.“ Und genau deshalb ist die Giulia zwar einer von vielen, aber eben nicht irgendein Alfa Romeo. „Und die 40 Jahre sind ihr – im Gegensatz zu etlichen Klassenkameraden – heute nicht anzusehen.“

Giulia Super für Carabinieri und Polizia

1972 **Giulia Super 1,3 (115.09)**
1290 cm³, 89 PS,
Giulia Super 1,6 (105.26)
1570 cm³, 102 PS, Doppelscheinwerfer für beide Modelle, 1600er Leuchten am Heck, Felgen ohne Radkappen, neues Dreispeichenlenkrad im Holz-Look, abklappbare Mittelarmlehne hinten, elektrische Zeituhr und Drehknopf für Ausstellfenster

1974 **Nuova Super 1,3 (115.09S)**
1290 cm³, 89 PS,
Nuova Super 1,6 (105.26S)
1570 cm³, 102 PS, Facelift mit geglätteten Hauben vorn und hinten, Kunststoffgrill mit gleichformatigen Doppelscheinwerfern, neue, höher montierte Stoßstangen mit Gummihörnern, neues, breiteres Scudetto, Dreispeichen-Holzlenkrad, Holzinterieur, neue Instrumente und Mittelkonsole

1976 **Giulia Diesel (115.40)**
1760 cm³, 52 PS, Motor wie im Transporter F12, ansonsten identisch zum Nuova Super

1978 **Produktionsende**

Nuova Super

Klare Linien und eine stilsichere Konstante

30 Jahre Alfetta und Alfasud / Portrait Mario Emilio Favilla

Der flüchtige Blick auf die sachlich-schlichte Alfetta und den attraktiven Alfasud lassen kaum erahnen, dass die Premiere der beiden Alfa Romeo Modelle bereits drei Jahrzehnte zurück liegt. Tatsächlich haben die sportliche Transaxle-Limousine und der agile Fronttriebler die automobile Welt ein gutes Stück mit geprägt. Der Alfasud, eigentlicher Begründer des heute mitunter „Golf-Klasse" titulierten kompakten C-Segments, lebt, zumindest formal, gar als kompakter Spross mit Wolfsburger Genen und spanischem Logo weiter. Doch in diesem Jahr dürfen die frühen Fahrzeuge aus Mailand und Pomigliano d'Arco zum ersten Mal das begehrte H-Kennzeichen tragen. Und das ist ausschließlich automobilen Klassikern vorbehalten, die bereits 30 Jahre hinter sich gebracht haben.

Einer, der die Entstehungsgeschichte noch vor Augen hat, als wäre es erst gestern gewesen, ist Mario Favilla. Favilla arbeitet im Centro Stile und das macht er seit inzwischen 34 Jahren. Der junge Architekturstudent stößt 1968 zum mittlerweile namhaften Designteam um Giuseppe Scarnati, dem Vater der Giulia und Leiter des Designstudions von 1956 bis 1976. Der Name Favilla ist eng mit dem Design von Alfa Romeo verbunden. Schließlich hinterlassen zwei der insgesamt vier Brüder Favilla bleibende Spuren im Hause der Mailänder Marke. Ettore, der älteste Sohn des Kaufmanns und

Als Mario Favilla 1968 zum Designteam von Alfa Romeo stößt, wird die Alfetta zu seinem ersten Projekt …

Alfetta (1972)

Vita Alfetta

1972	**Präsentation im Mai** **Alfetta (116.08)** 1779 cm³, 122 PS,
1974	**Alfetta 1.6 (116.00)** 1570 cm³, 108 PS, optisch an den runden Einzelscheinwerfern und fehlenden Stoßstangenhörnern erkennbares Einstiegsmodell. Schwarze Wischerarme und Luftaustrittsgitter an der C-Säule sowie die einzelne Chromleiste im Grill und der Verzicht auf Holz an Lenkrad und Mittelkonsole sind weitere Erkennungsmerkmale. Der Verkauf startet Anfang Januar 1975.
1975	**Alfetta 1.8 (116.42)** 1779 cm³, 118 PS. Im Mai erhält die klassische Alfetta leichte Retuschen, um sie besser von der Basisversion unterscheiden zu können. Dazu gehören unter anderem ein größeres Scudetto und neue Kopfstützen. Neue Vergaser reduzieren die Leistung um vier PS, wirken sich jedoch positiv auf den Verbrauch aus.
1977	**Alfetta 2000 (116.55)** 1962 cm³, 122 PS. Mit Einführung des Zweiliter-Aggregats – sie löst nun den 2000 (Berlina) ab – erfährt die Alfetta ein Facelift. Ein neuer Kühlergrill mit sachlichen Rechteckscheinwerfern, großvolumige Chromstoßstangen mit Gummielementen, flächige Rückleuchten, neue Räder und in die Karosserie eingelassene Türgriffe sowie ein umfangreich modifiziertes Interieur kennzeichnen die „neue" Alfetta.
1978	**Alfetta 2000 L (116.55C)** 1962 cm³, 130 PS. Ab Juli wird die Leistung des Zweiliters dank neuer Nockenwellen und trotz abermals verringertem Verbrauch um acht PS erhöht. Innen erhält die Alfetta eine Holzleiste auf dem Armaturenbrett und ist nun auch mit Schiebedach lieferbar. **Alfetta 2.0 America (116.58)** 1962 cm³, 111 PS. Für den Export auf den US-Markt wird das Gemisch mittels einer Spica-Einspritzanlage aufbereitet. So sinkt die Leistung, doch dafür verbessern sich Verbrauchs- und Emissionswerte. Auf Wunsch ist auch eine ZF-Dreigangautomatik lieferbar.

Ein Alfa Romeo darf sich nicht Moden unterwerfen – er muss sie gestalten

Kaffeerösters aus Livorno, arbeitet bis 1964 im Ufficio Centro Stile und gemeinsam mit Scarnati an der Giulia. Mario kommt 1968 nach Arese und tritt damit in die Fußstapfen seines großen Bruders. Und wiederum ist es ein für die Marke sehr spannender und wichtiger Zeitpunkt, denn die Mailänder befinden sich mitten in den Vorbereitungen einer neuen Generation von Fahrzeugen, die auf die Erfolge der Giulia aufbauen wird.

„Die Alfetta ist in der Tat der erste Alfa Romeo, an dem ich mitarbeitete", erinnert sich der sympathische Designer. Noch heute befinden sich in dem kleinen Designmuseum unter dem Dach des Centro Stile neben einigen Modellen in verschiedenen Maßstäben und einer Vielzahl von Zeichnungen auch die ersten Originale, die Mario Favilla damals mit Buntstift und Kreide zum Thema Alfetta auf Zeichenkarton brachte. „Die Alfetta war eine spannende Aufgabe", so Favilla, „denn es ging einmal mehr darum, einen komplett neuen, typischen Alfa Romeo auf die Räder zu stellen. Und ein Alfa Romeo darf sich nicht Moden unterwerfen, sondern soll sie gestalten." Natürlich spielt der Zeitgeist der endenden 60er-Jahre auch eine Rolle. Die schlichten Linien der Alfetta werden schnell zum Allgemeingut und finden sich dem entsprechend auch an anderen Fahrzeugen wieder. „Mit der Alfetta lösten wir uns vom 2000, bei dem es sich ja eigentlich um eine sachlich gestylte Giulia handelte und positionierten die neue Limousine eine Klasse höher als die immer noch erfolgreiche Giulia." Das klare Design, die Torsionsstabfederung an der Vorderachse und die hintere DeDion-Ach-

se mit Transaxlegetriebe machen die Alfetta zu einem ultramodernen und ihren Konkurrenten gegenüber überlegenen Fahrzeug.

Ein nicht nur für Stylisten interessantes Detail ist die sich verjüngende Front. Dieser geschickte Kunstgriff verleiht der mit sportlichen Doppelscheinwerfern geschmückten Frontpartie eine gewinnende Dynamik. „Die Rückleuchten, die sich aus jeweils drei filigranen Einzelelementen zusammen setzen", erzählt Favilla, „gefielen uns damals sehr gut. Das war eben der Chic jener Jahre." Ungleich raffinierter als offensichtlich ist der klare Schnitt an der C-Säule, der den klar gezeichneten Korpus deutlich vom nicht minder aufgeräumt wirkenden Dach trennt. Die heute typischen Ellenbogen nehmen auch hier bereits Gestalt an. Das stolze Scudetto verleiht der Alfetta ein unverwechselbares Erscheinungsbild. „Die Alfetta ist übrigens der für lange Zeit letzte Alfa Romeo, bei dem die Front tatsächlich noch als Tryptichon ausgebildet ist", erklärt der Designer, der heute auch noch dem hauseigenen ADUS-Programm praktisch als „Dekan" vorsteht. ADUS steht für Advanced University Stages und ist eine in unmittelbarer Nachbarschaft zum Centro Stile auf dem Firmengelände von Arese untergebrachte Designschule, die dem internationalen Nachwuchs in ausgeklügelten Programmen den Feinschliff zum Thema Automobildesign vermittelt. Das ist einzigartig in der Automobilbranche und unterstreicht den hohen Designanspruch der Mailänder Avantgardemarke.

Doch zurück zur Alfetta: Tatsächlich erhält auch die Alfetta erst mit ihrem Facelift von 1977 eine durchgehende

Alfasud (1972)

Vita Alfasud

1971	**November: Vorstellung auf Turiner Salon** und später Pomigliano d'Arco, ausschließlich viertürig
1972	**Juni: Erste Auslieferung Alfasud (901A)** 1186 cm^3, 63 PS
1973	**Juni: Alfasud (901A)** 1186 cm^3, 63 PS, Servobremse, optional heizbare Heckscheibe, Drehzahlmesser und Kopfstützen **November: Alfasud ti (901C)** 1186 cm^3, 68 PS, ausschließlich zweitüriges Fahrzeug, Doppelscheinwerfer, Front- und Heckspoiler, neues Interieur, Fünfganggetriebe, Doppelvergaser
1974	**Alfasud (901D1)** 1186 cm^3, 63 PS, Scheibenwischerarme schwarz lackiert, Vergaser modifiziert, elastisch gelagerte Lenksäule **Alfasud N (901D)** neue Bezeichnung für das Basismodell
1975	**Januar: Alfasud L (901D)** 1186 cm^3, 63 PS, Luxus-Ausstattung mit Chromleiste im Kühlergrill, Stoßstangenhörner mit Gummiauflage, neues Lenkrad und gepolstertes Armaturenbrett, elektrische Scheibenwaschanlage
1975	**Alfasud Giardinetta (904A)** 1186 cm^3, 63 PS, Kombiversion des Alfasud L, heizbare Heckscheibe serienmäßig, große Heckklappe, flacher, gut nutzbarer, mit Holz ausgelegter Laderaum
1976	**Juli: Vorstellung der Coupé-Version Sprint Alfasud 5 Marce (901D)** 1186 cm^3, 63 PS, Fünfganggetriebe (auch für Giardinetta)
1977	**Alfasud ti 1.3 (901G)** 1286 cm^3, 76 PS, 1,3-Liter-Motor aus dem Sprint **Dez.: Alfasud 1.2 Super (901D) & 1.3 Super (901F)** 1186 cm^3, 63 PS und 1286 cm^3, 68 PS, besserer Korrosionsschutz, größere Stoßfänger, Edelstahlleisten um die Seitenfenster, Kühlergrill und Lüftungsgitter in C-Säule schwarz, neue Sitze, neue Stoffverkleidungen der Türen, blau unterlegte Instrumente, Ablage auf der Mittelkonsole, gelochtes Dreispeichenlenkrad

alfasud

1979 **Alfetta Turbo Diesel (116B)**
1995 cm³, 82 PS. Die Alfetta ist nach dem ausschließlich für den US-Export vorgesehenen Mercedes-S-Klasse-Diesel der erste europäische PKW mit einem Turbodiesel-Motor. Das Aggregat stammt von VM und sorgt für Fahrleistungen, die auf dem Niveau der Alfetta 1.6 rangieren und damit dem Naturell der Marke entsprechen.

1980 **Alfetta 1.8 (116.42A)**
1779 cm³, 122 PS. Jetzt erhält die Alfetta mit dem ursprünglichen Hubraum auch die ursprüngliche Leistung zurück.

1982 **Der Modelljahrgang 1982** verfügt über identische Karosserien für alle Modellversionen. Das Spitzenmodell, die Alfetta 2.0, ist jedoch durch einen grauen Kühlergrill, eine serienmäßige Scheinwerferwaschanlage und schwarze Radkappen von den anderen Modellen zu unterscheiden. Dazu kommen elektrische Fensterheber (auch im Turbo Diesel) und nach hinten verlegte Seitenblinker.
Alfetta Quadrifoglio (116.55M)
1962 cm³, 128 PS. Analog zur Einführung des für Alfa Romeo in der Tradition bedeutenden Symbols (dem vierblättrigen Kleeblatt) beim Alfasud erfährt auch die Alfetta-Baureihe eine Aufwertung durch ein Quadrifoglio-Modell. Technik und Fahrleistungen bleiben auf bereits bekanntem Niveau. Neu sind schlichte Alufelgen, sportliche Doppelscheinwerfer und ein dunkelbrauner Kühlergrill. Innen steht den Fahrern nun ein neun Funktionen überwachendes Check-System zur Verfügung.
Alfetta Quadrifoglio Oro (116.58C)
1962 cm³, 125 PS. Luxuriöses Top-Modell mit Spica-Einspritzanlage. Ansonsten analog zum Quadrifoglio.

1983 **Alfetta 2.4 Turbo Diesel (116.B3)**
2393 cm³, 95 PS. Der Motor stammt ebenfalls von VM. Die Fahrleistungen markieren einen neuen Höhepunkt für die noch seltenen Diesel-Pkw. Die Karosserie wird leicht retuschiert: dunkelgraue Kunststoffprallflächen an den Seiten, neue Stoßfänger und ein neuer Kühlergrill sowie eine Zentralverriegelung gehören dazu. Ab April auch bei den anderen Alfetta-Versionen.
Alfetta Quadrifoglio Oro (116.55N)
1962 cm³, 130 PS, Im Top-Modell kommt eine fortschrittliche Bosch-Motronic zum Einsatz. Sie steuert Einspritzung, Zündung und Phasenwandler. Optisch unterscheiden die vier Rundscheinwerfer und in Wagenfarbe lackierten Stoßfänger das Top-Modell von den anderen Versionen. Ab 1985 löst der Alfa 90 die Alfetta ab.

Der Sud ist eines der genialsten Autos

Kühleröffnung, die Platz für einen einteiligen Kühlergrill bietet und daher nur noch mit einem aufgesetzten Scudetto aufwarten kann. „Giorgetto Giugiaro hat dieses Stylingelement übrigens erstmals bei seinem Entwurf zum Alfa Romeo 2000 Sprint gezeigt", erklärt Mario Favilla die Historie des für Jahrzehnte zum Standard avancierenden Kühlergrilldesigns. „Wir haben dieses Tryptichon aus Scudetto und den flankierenden Baffi dann beim Alfa 164 wieder in seiner ursprünglichen Form neu aufleben lassen und es bis heute weiterentwickelt."

Ein weiteres sehr spannendes Projekt ist seinerzeit auch der Alfasud. Die Arbeiten am ersten komplett neu konstruierten Alfa Romeo gestalten sich derart umfangreich, dass sich das ursprünglich bereits für 1971 geplante Debüt der Alfetta auf das Folgejahr verschiebt und so gleich zwei moderne Fahrzeuge gemeinsam um die Gunst der Käufer buhlen. Am kompakten Alfasud arbeiten die besten Techniker, Designer und Ingenieure. Rudolf Hruska hat die Federführung dieses Projekts, Giorgetto Giugiaro verdient sich nach seinem Sprung vom Bertone-Chefdesigner zur Selbständigkeit seine ersten Sporen als Ital-Design-Lenker – gemeinsam mit seinem für die technische Umsetzung des Designs verantwortlichen Partner Aldo Mantovani – und Domenico Chirico koordiniert dieses Projekt, mit dem Alfa Romeo sich eine bislang noch nicht abgedeckte Klientel erschließt. „Hruska war sehr stolz", erinnert sich Favilla. „Nur einer von einer Million Ingenieuren dürfte wohl die Chance bekommen haben, ein komplett neues Fahrzeug zu entwickeln, erzählte er damals."

Tatsächlich verglich Hruska seine Aufgabe mit der Ferdinand Porsches, der bei seinen Überlegungen zum KdF-Wagen, dem späteren VW Käfer, ebenfalls mit einem weißen Blatt Papier beginnen durfte.

„Für uns im Centro Stile gab es bei diesem Projekt nicht wirklich viel zu tun", erinnert sich Favilla. „Giugiaro hat seine Entwürfe sehr gut ausgearbeitet. Wir im Centro Stile mussten eigentlich nur noch Details verändern und einige Punkte fertigungsbedingt optimieren." So vergrößerten die hauseigenen Designer die Rückleuchten und feilten an der Form der Scheinwerfer. Sie formten die für Alfa Romeo mittlerweile typischen Ellenbogen und arbeiteten an technischen Details wie den Haubenscharnieren. „Darüber hinaus entwickelten wir die prägnante Doppelscheinwerfer-Optik für den ti", erzählt Favilla nicht ohne Stolz, schließlich sollte der sportlichste aller Suds zum Urvater jener kompakten Flitzer werden, die sich Jahre später mit einem zusätzlichen „G" im Kürzel schmücken.

In den Jahrzehnten seit der Konstruktionsphase von Alfetta und Alfasud sind unzählige Modelle über den Zeichentisch des sympathischen Designers gewandert. Viele von ihnen wurden Realität, noch viel mehr verworfen. Und nochmals mehr waren erst gar nicht zur Verwirklichung bestimmt. „Doch gerade diese Entwürfe, die bei uns im Team meistens nach Feierabend entstehen, strotzen nur so von Ideen, die dann doch irgendwann einmal Realität werden und unsere Führerschaft in puncto Design auch in Zukunft unterstreichen werden." Und darauf ist Mario Favilla besonders stolz.

1978 **Alfasud ti 1.3 (901G2)**
1351 cm³, 79 PS, neuer Motor ersetzt die 1286-cm³-Version (Hub von 64 auf 67,2 mm verlängert)
Alfasud ti 1.5 (901G1)
1490 cm³, 85 PS, neuer Motor mit größerem Hub (67,2 mm) und Bohrung (84 mm), identifizierbar an neuem Heckspoiler und schwarzen Kunststoff-Verbreiterungen
Alfasud 1.5 Super (901F1)
1490 cm³, 85 PS, viertürige Version mit ti-Motor
Alfasud 1.3 Super (901F2)
1351 cm³, 71 PS, ab Juli 1351-cm³-Motor auch im Super.

1979 **Alfasud 1.3 Super (901F3)**
1351 cm³, 71 PS, jetzt auch mit einem Doppelvergaser
Alfasud 1.5 Super (901F4)
1490 cm³, 84 PS, das ti-Triebwerk reicht für 165 km/h
Alfasud ti 1.5 (901G5)
1490 cm³, 95 PS, Motor aus Sprint Veloce

1980 Facelift mit großformatigen Kunststoffstoßfängern, Scheinwerfern und Heckleuchten, Interieur, Kühlergrill, schwarze Türgriffe neu und der Entfall von Chromzierrat.
Alfasud 1.3 Super (901F3A)
1351 cm³, 79 PS, mit zwei Doppelvergasern

1981 alle Modelle (Alfasud 1.2 Super, 1.3 Super, 1.5, ti 1.3, ti 1.5) auch mit langer Übersetzung (Typnr. C und B), große Heckklappe, ti mit kontaktloser Zündung

1982 **Alfasud Junior (901D4B)**
1186 cm³, 68 PS, abgespeckte Sonderserie des 1.2 mit Fünfganggetriebe
Im Mai ersetzt der Fünftürer den bislang produzierten Viertürer (Ausnahme: 901D4B). Unterschieden wird nun in die Ausstattungslinien S und SC
Alfasud 1.5 Quadrifoglio Oro (901F4D)
1490 cm³, 95 PS, Top-Modell mit umfangreicher Luxusausstattung und kraftvollem ti-Motor. Scheinwerferwaschanlage, elektrische Fensterheber, Holzlenkrad
Alfasud ti 1.5 Quadrifoglio Verde (901G5C)
1490 cm³, 105 PS, dank schärferer Nockenwellen leistet der ti nun 105 PS. Neu sind die 14-Zoll-Alu-Felgen und die Stoffe für das Interieur. Der mehr als 180 km/h schnelle Sud markiert den Höhepunkt des erfolgreichen Fronttrieblers.
Ab 1983 tritt der Alfa 33 in seine Fußstapfen.

Alfasud 1.3 Super

Herdentrieb

Alfa 147 Cup 2002

Jochen Mass ist ein Freund offener Worte. „Diesel-Motoren sind längst keine lahmen Stinker mehr“, sagt der ehemalige Formel-1-Pilot im Fernsehinterview. „Sie sind inzwischen in manchen Bereichen Benzinern überlegen. Ein guter Grund, damit Motorsport zu betreiben.“

Sicherheit geht vor: Das beginnt mit der in die Rohkarosse geschweißten Sicherheitszelle und hört mit den Türnetzen nicht auf …

Dieser Meinung ist man auch bei Alfa Romeo, dem Erfinder der Diesel-Direkteinspritzung nach dem Common-Rail-Prinzip. Den legendären Alfasud-Pokal im Hinterkopf, entsteht eine geradezu revolutionäre Idee: Ein Markenpokal exklusiv für Diesel-Renner – der Alfa 147 Cup.

Als die Idee konkrete Formen annimmt, verschlägt es der Fachwelt den Atem. Und das nicht nur, weil die zentral beim DTM-erfahrenen Unternehmen Holzer Motorsport aufgebauten Cup-Fahrzeuge mit eingeschweißter Sicherheitszelle, Schalensitz, Hosenträgergurten, zentralem LCD-Display, automatischer Feuerlöschanlage und verstellbarem 17-Zoll-Fahrwerk wie professionelle Rennautos auftreten. Mit einem Preisgeld von mehr als einer halben Million Euro setzt der Alfa 147 Cup ebenso neue Maßstäbe wie mit dem exzellenten italienischen Catering für Teilnehmer und Gäste. Für das größte Aufsehen indes sorgt die „Città Alfa Romeo“. In dem 1600 Quadratmeter großen Werkstattzelt finden alle Cup-Teilnehmer bei jedem Rennen eine bezugsfertige Box vor. Die Teams schrauben Seite an Seite, schnell entsteht eine einzigartige, kameradschaftliche Atmosphäre unter den Rivalen der Rennbahn. Und auch die Fans nehmen diese offenherzige Art der Präsentation begeistert auf. Nirgendwo kommt man besser an Autogramme heran, kann man Mechanikern besser über die Schulter schauen.

Am 26. April gegen 15 Uhr ist es endlich soweit: Erstes offizielles Zeittraining im Alfa 147 Cup. 25 der im Renntrimm rund 160 PS starken Alfa 147 1.9 JTD rollen beim Saisonauftakt der so genannten Top-10-Rennserie im Motopark Oschersleben aus der Boxengasse – ein starker Anfang für ein vollkommen neues Markenpokal-Konzept. Auf Zeitenjagd geht eine bunt gemischte Mannschaft: Blutige Anfänger wie der Scuola-Sportiva-Absolvent Marko Hartung, Nachwuchspiloten und Aufsteiger aus anderen Rennserien wie der 19-jährige Markus Lungstrass, abgebrühte Routiniers wie die ehemaligen DTM-Piloten Peter Oberndorfer und Gianni Giudici oder Frank Kremer, vor drei Jahren Gewinner der Lamborghini Supertrophy. Und auch vier Damen sind mit an Bord – eine attraktiver als die andere.

Kurz vor Saisonbeginn hat das Fachmagazin „sport auto“ eine Nachwuchssichtung durchgeführt. Die Wahl fällt auf Markus Lungstrass, jetzt jüngster Teilnehmer des Alfa 147 Cup. Und ausgerechnet der Youngster drückt Deutschlands erstem Diesel-Markenpokal von Anfang an seinen Stempel auf. Er gewinnt den Saisonauftakt knapp vor Sebastian Stahl, nachdem der zunächst Führende, Steve Abold, auf einer Ölspur von der Strecke rutscht.

Dabei spricht eigentlich alles gegen Lungstrass. Der fast zwei Meter große Schüler ist gleichzeitig eines der Schwergewichte im Teilnehmerfeld. Da alle Renn-147er über exakt die gleiche Leistung verfügen, können zehn Kilogramm mehr oder weniger an Bord über Sieg oder Niederlage entscheiden. Soweit die Theorie. In der Praxis fährt Lungstrass zur Verblüffung von Freund und Feind auch dann noch vorne mit, als er für seine guten Platzierungen Schritt für Schritt insgesamt 60 Kilogramm Ballast aufgebrummt bekommt. „Ich ignoriere das Zusatzgewicht einfach“, nimmt Lungstrass die im Reglement verankerte Bürde gelassen. Er gewinnt im Verlauf der Saison bei allen acht Cup-Läufen die Junior-Wertung.

Die „Città Alfa Romeo“ beherbergt das komplette Fahrerlager der Cup-Familie. Sie ist eine von vielen Innovationen, die der Alfa 147 Cup an die Pisten bringt.

Markus Lungstrass verdient sich seinen Platz durch eine Nachwuchssichtung. Schrott liefert er selten ab …

Andreas Klinge hetzt einer schnellen Lady hinterher – in diesem Fall Christina Surer.

Die Show des Rennens liefern Ralf Waldmann und Peter Oberndorfer. Im VIP-Auto geht Motorrad-As Waldmann als Vierter ins Rennen. Kurz nach dem Start leistet er sich einen Dreher mitten im Feld – wie durch ein Wunder kommen alle ungeschoren an dem Hindernis vorbei. Nach einem Boxenstopp sortiert sich Waldmann wieder in der Spitzengruppe ein. Ein Duell mit Peter Oberndorfer endet mit einem ziemlich krummen Auto des Münchners. Doch der ehemalige Fahrer eines GTV6 aus den Anfangstagen der DTM denkt nicht im Traum ans Aufgeben – er schleppt die „Banane“ auf Rang drei ins Ziel.

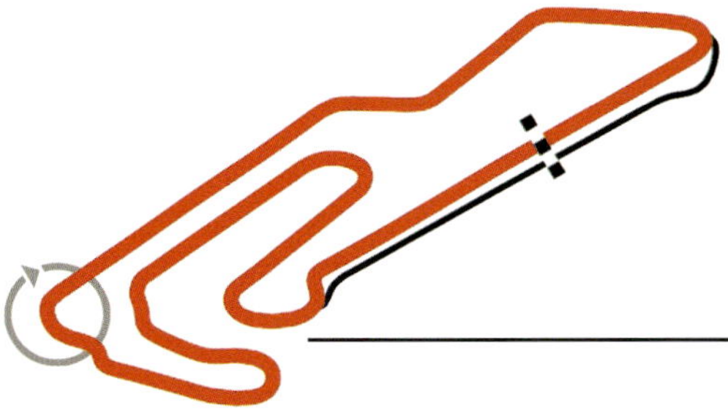

Alfa Romeo-Händler Felix Wedam spielt auf dem Hockenheimring groß auf und erobert sich einen Podiumsplatz.

Ex-DTM-Profi Peter Oberndorfer, Markus Lungstrass und Sebstian Stahl (links, von links und unten) sind auf Spitzenplätze abonniert. Musiker Helmut Zerlett sammelt dagegen noch erste Rennerfahrungen.

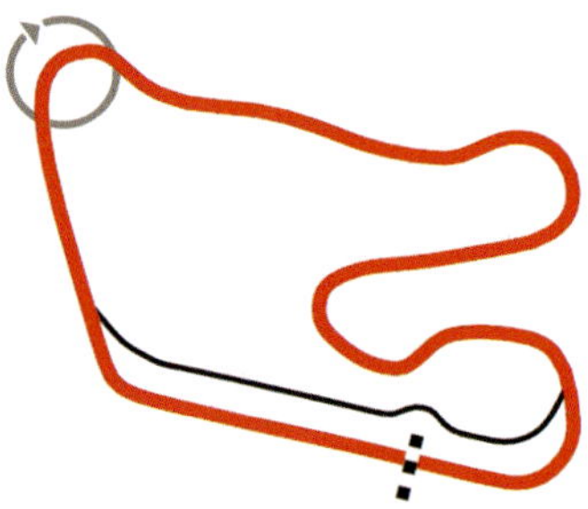

Beim zweiten Lauf sorgt ein „Schumi" für Schlagzeilen. Und zwar „Schumi 3", wie Sebastian Stahl inzwischen genannt wird. „Damit kann ich leben", sagt der 23-jährige Bürokaufmann, dessen Mutter mit dem Vater von Michael und Ralf Schumacher liiert ist. Und dass er – obwohl nicht blutsverwandt – einen ähnlich schweren Gasfuß hat wie die berühmten Formel-1-Brüder, beweist Stahl jetzt im Alfa 147 Cup. Beim Saisonauftakt in Oschersleben noch knapp geschlagen, überquert er in Hockenheim als Sieger die Ziellinie. Einer der ersten Gratulanten: Michael Schumacher, der sich regelmäßig telefonisch nach den Fortschritten des „Stiefbruders" erkundigt.

Auf Platz zwei läuft mit Marko Hartung ein Motorsport-Neuling ein, der gerade sein zweites Rennen bestreitet. Auch der Drittplatzierte, Felix Wedam, steht noch am Anfang seiner Rennkarriere. „Einen schöneren Beweis für die Nachwuchstauglichkeit des Alfa 147 Cup kann es kaum geben“, freut sich Vieri C. Timosci, der Motorsport-Verantwortliche der Marke Alfa Romeo.

Iris Dorr gewinnt wie schon in Oschersleben die Damen-Wertung. Da Eve Scheer und Christina Surer beruflich verhindert sind, heuert ihr Team Formel-Pilotin Sabrina Hungerbühler als Ersatz an. Keine gute Idee – die Schweizerin sorgt im verregneten Training für den ersten Totalschaden im Alfa 147 Cup.

Vollkommen unschuldig ist Helmut Zerlett im VIP-Auto in eine Begegnung der blechverformenden Art verwickelt. Der Bandleader der Harald-Schmidt-Show bestreitet sein erstes Autorennen. Nach dem verregneten Training weit hinten in der Startaufstellung, wird er schon schnell in Überrundungen verwickelt. Weil sich dabei einer der schnellen Cup-Piloten vertut und in den weißen VIP-147er rauscht, muss Zerlett zur Reparatur an die Box. Dass er neben Musik auch Benzin im Blut hat, beweist der Kölner, als er mit dem ramponierten Fahrzeug wieder zurück ins Rennen geht. „Aufgeben? Niemals! Ohne Seitenscheibe war’s ein bisschen zugig, aber sonst ging’s.“

Mit dem Sieg übernimmt Stahl auch die Tabellenführung. Oschersleben-Sieger Markus Lungstrass rollt wegen eines abgerissenen Schlauchs am Tank saft- und kraftlos aus. Peter Oberndorfer kommt ebenfalls nicht ins Ziel. Den Trainingsschnellsten zwingt ein platter Reifen zum vorzeitigen Besuch an der Box.

Auf den Schauplatz des dritten Cup-Rennens freuen sich alle: die Nordschleife des Nürburgrings, die „grüne Hölle“, wie Formel-1-Legende Jackie Stewart die knapp 25 Kilometer lange Berg- und Talbahn einmal genannt hat. Die einen – die Anfänger im Alfa 147 Cup – gehen den legendären Eifel-Kurs mit einer gehörigen Portion Respekt an. Die anderen, die Routiniers, fragen sich: Wenn ich hier nicht gewinne, wo sonst? Umso größer der Schock, als Nordschleifen-Neuling Markus Lungstrass die Pole Position an sich reißt.

Im Rennen setzt sich schnell eine Vierergruppe vom Rest der Meute ab. Martin Tschornia, Peter Oberndorfer, Lungstrass und Reinhard Huber – ebenfalls ein Nordschleifen-Kenner – haben bald eine halbe Minute Vorsprung. Oberndorfer verabschiedet sich früh mit einem Bremsendefekt. Doch die anderen Drei pfeilen rundenlang im Zentimeterabstand durch die Fuchsröhre, durchs Karussell und über die Hohe Acht.

Das letzte Mal Döttinger Höhe. Tschornia vorne, Lungstrass an der Heckstoßstange, Huber in Lauerstellung. Das Ganze bei Tempo 220. „Mir war klar, dass das nicht gut geht“, wird Huber hinterher sagen. Tut es auch nicht. In der letzten Schikane verlegt Lungstrass den Bremspunkt auf den Grünstreifen, kracht Tschornia in die Seite und dreht sich anschließend rückwärts

Die über 100.000 Zuschauer entlang der Nordschleife erleben eines der spannendsten Rennen: Der Sieger entstammt einem Stoßstange an Stoßstange kämpfenden Quartett.

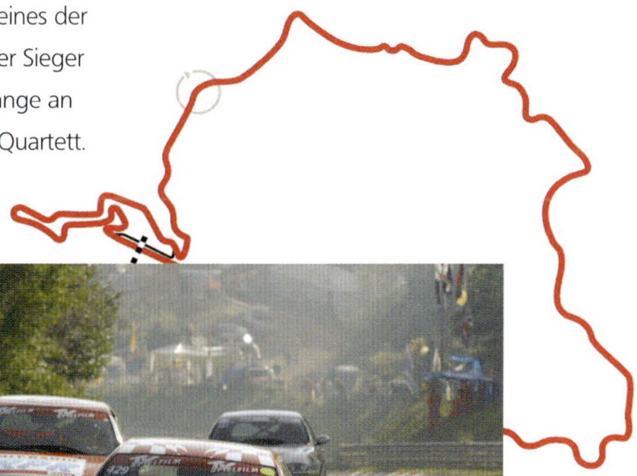

Der Alfa 147 Cup erweist sich als ein vorzüglich für schnelle Nordschleifenritte geeignetes Auto – perfekt für das 24-Stunden-Rennen, zum Beispiel …

in die Leitplanke. Während Tschornia gewinnt und Huber als Zweiter abgewinkt wird, schleppt Lungstrass seinen ramponierten 147er als Dritter ins Ziel. Trotz Zehn-Sekunden-Zeitstrafe, die ihm die Rennleitung wegen der Rempelei aufbrummt, behält er diese Position – so weit liegen die anderen inzwischen zurück.

In der Damen-Wertung hat zum ersten Mal Katharina König die Nase vorne. Sie zwingt den italienischen Profi-Playboy Gianni Giudici in einem packenden Duell in die Knie. Das VIP-Auto kommt nicht ins Ziel: Joey Kelly, Gitarrist und Sänger der Kelly-Family, gibt nach einer Kollision wegen verbogener Hinterachse auf. Weil Sebastian Stahl ebenfalls ausfällt, übernimmt der 47 Jahre alte Martin Tschornia die Tabellenführung.

Zur Halbzeit gastiert der Alfa 147 Cup auf dem Euro-Speedway. Und hier ist die Pechsträhne von Steve Abold endlich beendet. Der 23-jährige Student aus Dillingen, stets einer der Schnellsten, aber nur selten im Ziel, landet in der Lausitz einen lupenreinen Start-Ziel-Sieg. Abold muss allerdings vom ersten bis zum letzten Meter um diesen Erfolg kämpfen. Markus Lungstrass und Reinhard Huber folgen ihm wie Schatten. Gelegentlich rumpeln die drei Kampfhähne im Gleichschritt durch die Wiese. Doch Abold behält stets die Nase vorn, siegt mit gerade einmal einer halben Sekunde Vorsprung vor dem „sport auto"-Junior.

Abold ist der erste Fahrer im Alfa 147 Cup, der das Head-and-neck-support-System (HANS) verwendet. Die auch in der Formel 1 angewandte Vorrichtung stützt den Helm auf den Schultern ab und beugt im Falle eines schweren Aufpralls Halsverletzungen vor. „HANS schränkt zwar den Bewegungsspielraum des Kopfes ein wenig ein", sagt Abold, „aber das ist mir die zusätzliche Sicherheit wert."

Ein von Katharina König ausgelöster Unfall in der ersten Kurve geht glimpflich über die Bühne. Die Nordhäuserin kegelt die italienische Nationalmannschaft im Alfa 147 Cup – Gianni Giudici und dessen Teamkollegen Raffaele Raimondi – aus dem Rennen. König selbst kann mit leicht beschädigtem Auto weiterfahren, kassiert später wegen Überholens in einer Gelbphase noch eine Stop-and-Go-Strafe. Und gewinnt trotzdem die Damen-Wertung. „Was heißt eigentlich Entschuldigung auf Italienisch?“, fragt sie kleinlaut, bevor sie sich mit einer Flasche Wein unter dem Arm auf den Weg in die Box der Scuderia Giudici macht.

Um etwaige Mogeleien zu verhindern, überwachen zwei Technische Kommissare permanent die Einhaltung der Spielregeln im Alfa 147 Cup. Sie wiegen, vermessen und kontrollieren die Autos der Schnellsten bei jedem Rennen. Am Lausitzring ziehen sie Kraftstoffproben. Und erwischen prompt Tabellenführer Martin Tschornia mit einer nicht zugelassenen Diesel-Sorte. Verbannt in die letzte Startreihe, kommt er nur als Neunter ins Ziel und verliert Platz eins der Gesamtwertung.

Fünf Wochen später am Nürburgring werden Markus Lungstrass und Reinhard Huber von den Kommissaren überführt. Verbotene Drehzahlsensoren an der Antriebswelle kosten sie die Startplätze eins und zwei.

Für positive Schlagzeilen sorgt dagegen Jochen Mass, der beim fünften Cup-Rennen den VIP-147er steuert. Der 105-fache Grand-Prix-Teilnehmer, Sportwagen-Weltmeister und Tourenwagen-Routinier verblüfft die etablierten Cup-Piloten mit einer allen bisherigen Erkenntnissen widersprechenden Fahrwerksabstimmung. Der Pfälzer hat einen besonderen Bezug zur Mailänder Avantgardemarke, schließlich schraubte er einst in der Werkstatt des Alfa-Urgesteins Helmut Hähn und verdiente sich mit dem legendären Giulia Sprint GTA seine ersten Sporen als Rennfahrer. Tatsächlich schiebt sich Mass im Rennen – in das er von Startplatz neun gegangen ist – zeitweise bis auf den zweiten Rang vor. Wobei er alle Überholmanöver mit feiner Klinge führt. „Ein bisschen Anlehnen gehört in einem Markenpokal allerdings dazu“, gibt der 55-Jährige zu.

Während sich Peter Oberndorfer an der Spitze leicht absetzen kann und einem ungefährdeten Sieg entgegen fährt, tobt in seinem Rücken ein munterer Vierkampf zwischen Mass, Markus Lungstrass, Frank Kremer und Steve Abold. Überholmanöver beinahe in jeder Kurve, ständig wechselnde Positionen – das Quartett bietet den

Lebemann und Allround-Pilot Gianni Giudici (links oben) fällt einer Kollision zum Opfer. Steve Abold dagegen hat gut Lachen: Sieg auf ganzer Linie.

Ausrutscher passieren Iris Dorr selten, schließlich gewinnt die Rothaarige dreimal die Damenwertung.

Fans Motorsport vom Feinsten. „Eigentlich hätten wir Jochen ziehen lassen müssen“, sagt Kremer im Ziel, „er wird schließlich als Gastfahrer in der Cup-Wertung nicht berücksichtigt. Aber ich wollte auf meiner Heimstrecke unbedingt auf's Podium.“ Und Konkurrent Lungstrass ergänzt: „Das Duell mit Mass war so ziemlich das Tollste, was ich bisher im Motorsport erlebt habe.“ Im Ziel trennt die Vierergruppe weniger als 1,5 Sekunden. Lungstrass wird vor Kremer Zweiter, baut damit seine Tabellenführung leicht aus. Mass liefert mit Rang vier das beste Ergebnis eines VIP im Alfa 147 Cup 2002 ab.

Ebenfalls eine Jahresbestleistung zeigt Jürgen Schramek: Der Testchef der „AUTO ZEITUNG“ läuft im Presse-Auto des Alfa 147 Cup auf Rang zwölf ein – weiter vorn kann sich im Verlauf der Saison kein anderer Journalist platzieren. Die Damen-Wertung wird auf dem Nürburgring zur Abwechslung wieder eine Beute von Iris Dorr.

Regen am Salzburgring – einer der schwierigsten Rennstrecken der ganzen Saison. Und ausgerechnet unter diesen extremen Bedingungen laufen zwei Damen zu Hochform auf. Von den Plätzen zehn und elf gestartet, kämpfen Christina Surer und Katharina König mit sensiblem Gasfuß und beherzten Ausbremsmanövern einen Konkurrenten nach dem anderen nieder. „Mir war erst klar, wie weit ich vorn bin, als ich plötzlich den Markus Lungstrass vor mir hatte“, wird Surer, im Hauptberuf Fotomodell und Moderatorin bei einem Schweizer Fernsehsender, später erzählen. „Den habe ich mir dann auch noch gegriffen.“ Aber einen Lungstrass greift man sich nicht so einfach. Kurz vor dem Ziel überholt der Tabellenführer die Ex-Gattin des ehemaligen Formel-1-Piloten Marc Surer wieder und rettet damit Rang drei.

Hinter Christina Surer wird Katharina König Fünfte. Die Studentin dreht sogar die zweitschnellste Runde des Rennens. „Von mir aus kann's öfter regnen“, strahlt die Nordhäuserin. Nicht ganz so gut kommen Iris Dorr und Eve Scheer mit dem widrigen Wetter zurecht. Während Dorr als 21. ins Ziel einläuft, bewegt sich Scheer laut Eigenauskunft „mehr neben als auf der Strecke“. Kein Wunder – für die hauptberufliche Schauspielerin, die unter anderem in der RTL-Vorabendserie „Unter uns“ spielte, ist es das erste Regenrennen ihrer noch jungen Motorsportkarriere.

An der Spitze ziehen Frank Kremer und Reinhard Huber im Gleichschritt ihre Runden. Huber hofft auf einen Patzer des Führenden. Vergebens, denn Ex-Lamborghini-Pilot Kremer gönnt sich nach fehlerloser Fahrt seinen ersten Sieg. Damit steht bei den bisher sechs Rennen jedes Mal ein anderer Fahrer ganz oben auf dem Podium – von einem Seriensieger à la Formel 1 ist im Alfa 147 Cup weit und breit keine Spur. Kremer verbessert sich auf Rang zwei in der Tabelle, Spitzenreiter Lungstrass hat bereits 22 Punkte Vorsprung.

Im VIP-Auto schwimmt der Langstreckenpokal-erfahrene Schauspieler Arthur Brauss durch die Wassermassen auf Rang 19. „Eigentlich fahre ich ja gerne im Regen", sagt der Mime, der neben Rollen in „Derrick" und „Tatort" auch einen Widersacher von Chrisopher Lambert im Hollywoodstreifen „Knight moves" verkörperte. „Beim nächsten Mal muss ich nur zusehen, dass ich ganz vorne starte."

Die Rennen des Alfa 147 Cup werden „fliegend" gestartet. Entgegen dem stehenden Formel-1-Start rollt das Teilnehmerfeld dabei in moderatem Tempo auf die Startampel zu. Sobald die auf Grün springt, geht die Post ab. Allerdings läuft diese Prozedur nicht immer schon beim ersten Versuch nach den Vorstellungen des Rennleiters ab. Auf dem Nürburgring, beim siebten Cup-Lauf, ist ein zweiter Anlauf nötig. Kurz zuvor öffnete der Himmel die Schleusen und die in der Gischt extrem eingeschränkten Sichtverhältnisse sorgen für eine ungeordnete Startformation. Die Ampel bleibt Rot – Abbruch.

Die Nerven sind zum Zerreißen gespannt. In der Folge sorgen Fahrfehler und missverständliche Anweisungen der Rennleitung für heilloses Durcheinander. Während einige Cup-Teilnehmer fälschlicherweise beschleunigen, stehen andere bereits auf der Bremse. Das Chaos ist unvermeidlich: Ausweichmanöver über

Cup-Routinier Martin Tschornia im Pulk mit Marko Hartung, Michael Kahnt, Christina Surer und „Kathi" König.

Der Tag, an dem der Regen kam: Nach dem Rennen versinken Paddock und weite Teile des Landes in den Fluten

die Wiese, zahlreiche Dreher, Auffahrunfälle – als sich der Wassernebel lichtet, bleiben mehrere Alfa 147 verbeult liegen.

Reinhard Huber, als Trainingszweiter in der ersten Startreihe mit gutem Überblick, ahnt das drohende Unheil und haut reflexartig auf den Schalter der Warnblinkanlage. Dabei erwischt er aus Versehen auch den Knopf der Feuerlöschanlage – und wird prompt von weißem Schaum eingehüllt. Da Huber zunächst in der Box die Löschmittelpatrone wechseln lassen muss, läuft der zweite Startversuch ohne ihn ab. Stinksauer fährt der Bayer dem Feld hinterher.

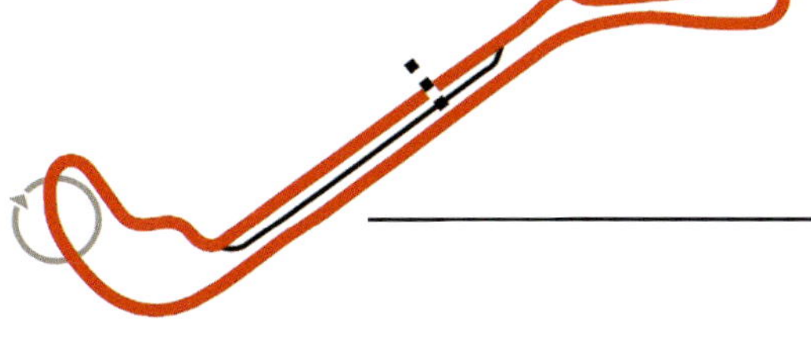

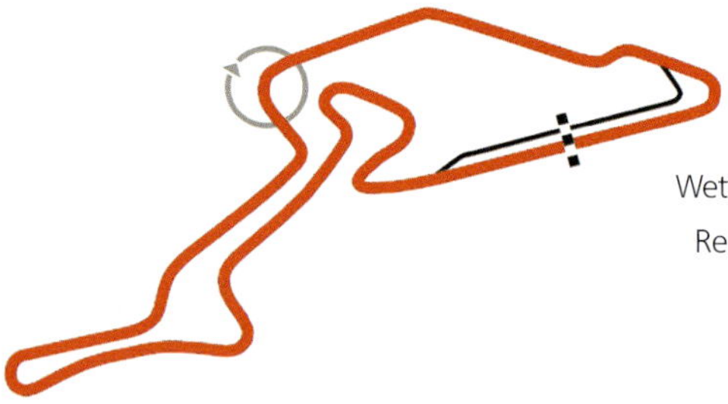

Auf dem Nürburgring sorgen Wetterkapriolen und Fehler seitens der Rennleitung für ein chaotisches Start-Prozedere und Diskussionsstoff.

Polesetter Sebastian Stahl, der sich die Trainingsbestzeit selbst zum Geburtstagsgeschenk gemacht hat, sucht sein Heil in der Flucht nach vorn. Markus Lungstrass heftet sich an seine Fersen. Und das, obwohl er aufgrund seiner bisherigen Ergebnisse satte 60 Kilogramm Platzierungsgewicht mit sich herum schleppt. Zu stören scheint den Tabellenführer der Ballast nicht. Stahls zweiten Sieg im Alfa 147 Cup kann er zwar nicht verhindern, doch mit Rang zwei vor Peter Oberndorfer macht er einen großen Schritt im Richtung Gesamtsieg.

Sein zweites Gastspiel im VIP-Auto des Alfa 147 Cup gibt Bandleader Helmut Zerlett. Im Durcheinander des Startabbruchs kreiselt er mitten durchs Feld, eckt wie durch ein Wunder allerdings nirgendwo an. Auch Katharina König leistet sich in der Anfangsphase einen Dreher. Mit einer beherzten Aufholjagd sichert sie sich Platz neun und den Sieg in der Damen-Wertung.

Zum Finale nach Oschersleben reisen drei Piloten mit Titelchancen. Die beste Ausgangsposition indes hat Markus Lungstrass: Sein Vorsprung auf Sebastian Stahl beträgt 22 Zähler. Frank Kremer auf Tabellenrang drei hat schon 29 Punkte Rückstand und muss bei einem eigenen Sieg auf Ausfälle seiner beiden Konkurrenten hoffen.

Nach dem Training ist klar, dass sich alles auf ein Duell zwischen Lungstrass und Stahl zuspitzt. Sie stehen auf Platz zwei und drei in der Startaufstellung, Kremer ist als Neunter weit abgeschlagen. Auf der Pole-Position steht Reinhard Huber. Und mit einem Superstart macht der Pechvogel des Nürburgring-Rennens klar: Diesmal lasse ich mir meinen ersten Sieg von niemandem abnehmen. Stahl verbiegt sich im Gerangel der ersten Kurve die Hinterachse. Er kann Huber zwar folgen, verzichtet angesichts der Geschehnisse hinter ihm aber auf ein Brechstangen-Überholmanöver. „Solange ich Lungstrass im Rückspiegel gesehen habe, war mir klar, dass auch ein Sieg mir nicht den Titel einbringt“, gibt sich „Schumi 3“ mit Platz zwei zufrieden. Weiter hinten setzt sich Katharina König gegen Christina Surer durch und sichert sich damit die Ehre der bestplatzierten Dame in der Jahresendwertung.

Währenddessen liefern sich Lungstrass und Gaststarter Roland Asch einen Zweikampf, der nicht nur Lungstrass' Teamchef Franz Engstler das Blut in den Adern gefrieren lässt. Der Tabellenführer, der eigentlich nur sicher ins Ziel fahren müsste, fightet mit Asch, dem Ex-DTM- und heutigen V8-Star-Piloten, um jeden Zentimeter. Gelegentlich berühren sich die beiden Autos, einmal rattert Lungstrass meterweit durch die Wiese. „Mit dem Roland kann man so was machen, der ist Vollprofi", ist sich der 19-Jährige sicher.

Irgendwann gibt er schließlich nach, wird hinter Asch Vierter und damit der erste Meister in der Geschichte des Alfa 147 Cup. Direkt nach der Zieldurchfahrt reicht Vater Lungstrass seinem Filius eine große Alfa Romeo-Fahne ins Auto – die begeistert aufgesprungenen Zuschauer feiern den halb aus dem Seitenfenster kletternden Champion in der Auslaufrunde überschwänglich.

Wie groß die Popularität von Markus Lungstrass unter den Rennfans ist, muss Fernsehstar Alexander Mazza bei der großen Abschlussparty am Abend feststellen. „Ich unterhalte mich mit Markus, als eine Gruppe Mädels auf uns zustürmt", erzählt der italienisch-deutsche TV-Moderator und Fahrer des VIP-Autos beim Saisonfinale.

„Ich zücke schon den Schreiber, um Autogramme zu geben. Aber die wollten gar nichts von mir, die waren hinter Markus her."

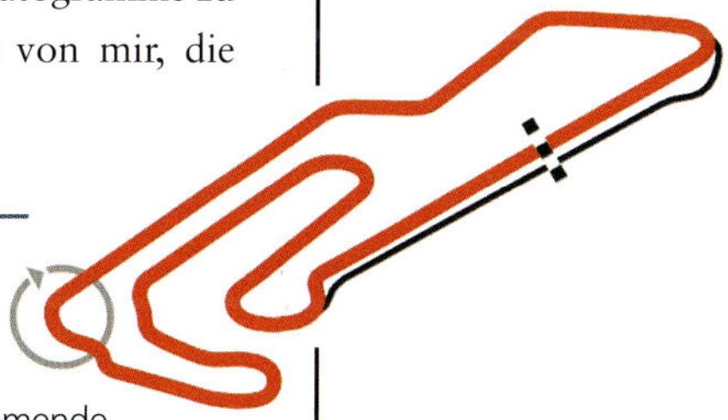

Gruppenbild mit Damen: Die gut zwei Dutzend Fahrerinnen und Fahrer des Alfa147 Cup freuen sich schon auf die kommende Saison und weitere Mitstreiter. 2003 gibt es zwei Rennläufe pro Wochenende. Spannung weiter garantiert!

(J) inkl. Preisgeld Junioren-Wertung (D) inkl. Preisgeld Damen-Wertung

Siege: *Stahl 2; Lungstrass, Tschornia, Abold, Oberndorfer, Kremer, Huber je 1*
Trainingsbestzeiten: *Abold, Kremer je 2; Oberndorfer, Lungstrass, Stahl, Huber je 1*
Schnellste Rennrunden: *Huber, Lungstrass je 2; Abold, Raimondi, Hartung, Stahl je 1*
Siege Junioren-Wertung: *Lungstrass 8*
Siege Damen-Wertung: *Katharina König 4; Iris Dorr 3; Christina Surer 1*

Alfa 147 Cup – das Endergebnis

Pl.	Fahrer	Alfa Romeo Händler	Gesamt	Oschersleben	Hockenheim	Nürburgring	EuroSpeedway	Nürburgring	Salzburgring	Nürburgring	Oschersleben	Preisgeld (€)
1	Markus Lungstrass (J)	Engstler-Centro-Sportivo	165	30	3	20	24	24	20	24	20	**43.375**
2	Sebastian Stahl	Siegfried Ruprecht	147	24	30	0	14	16	9	30	24	**26.100**
3	Frank Kremer	Auto Kremer	130	15	17	0	17	20	30	17	14	**22.875**
4	Martin Tschornia	Werb	124	16	14	30	12	13	12	15	12	**19.450**
5	Reinhard Huber	Engstler-Centro-Sportivo	121	17	4	24	20	2	24	0	30	**25.150**
6	Steve Abold	Brandes & Dschüddow	103	0	0	16	30	17	7	16	17	**20.650**
7	Peter Oberndorfer	Centro Automobile Frankfurt	93	20	5	0	4	30	14	20	-	**16.625**
8	Raffaele Raimondi	Engstler-Centro-Sportivo	86	10	13	10	0	15	15	10	13	**16.375**
9	Robert Surauer	Möri Schoberl	86	13	15	0	13	14	10	14	7	**13.975**
10	Marko Hartung	Beckert und Partner	83	11	24	17	0	11	0	11	9	**14.775**
11	Felix Wedam	Wedam	78	14	20	-	0	5	11	13	15	**12.800**
12	Erwin Piro	Gräsel	75	8	16	11	15	0	8	9	8	**12.750**
13	Bastian Geiß (J)	Siegfried Ruprecht	68	12	0	4	16	12	6	2	16	**19.500**
14	Katharina König (D)	Drübeck	66	1	0	15	11	0	16	12	11	**18.950**
15	Andreas Klinge	Engstler-Centro-Sportivo	48	0	7	6	9	8	5	8	5	**9.900**
16	Joachim Müller-Wende	Centro Automobile Frankfurt	47	7	10	13	0	10	4	0	3	**10.100**
17	Iris Dorr (D)	Centro Automobile Frankfurt	43	6	8	12	5	7	1	4	0	**18.975**
18	Christina Surer (D)	Siegfried Ruprecht	42	5	-	9	0	0	17	1	10	**13.100**
19	Michael Kahnt	Alfa Romeo Hähn	39	0	11	-	-	9	13	-	6	**6.850**
20	Gianni Giudici	Engstler-Centro-Sportivo	35	9	12	14	0	-	-	-	-	**5.750**
21	Eve Scheer (D)	Siegfried Ruprecht	35	3	-	5	10	6	0	7	4	**13.750**
22	Franjo Kovac	Engstler-Centro-Sportivo	35	2	9	8	8	4	0	3	1	**9.750**
23	Herbert Engel	Auto Kremer	28	4	6	0	6	3	2	5	2	**8.400**
24	Michael Kühn	Alfa Romeo Hähn	23	-	-	7	7	-	3	6	-	**5.275**

Sportstudio und Wohnzimmer in einem

Interieurdesign

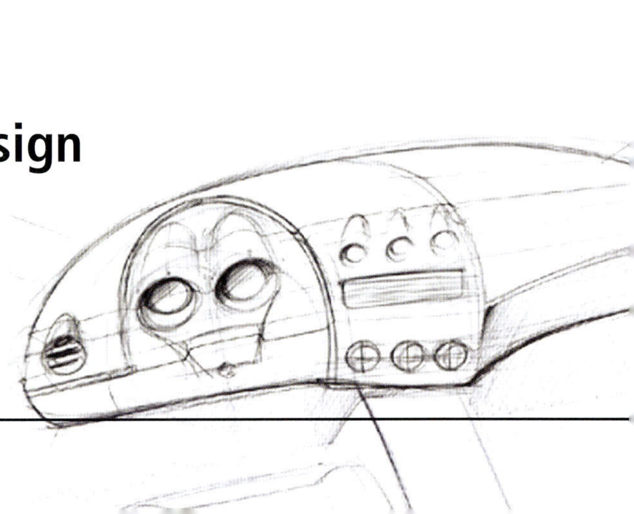

VON WOLFGANG EGGER, DIREKTOR CENTRO STILE ALFA ROMEO

Der Fahrgastraum eines PKW ist ein geschlossener Raum. Für Produktmanager, Konstrukteure und uns Designer geht der Wettstreit – wie hinlänglich bekannt – nicht selten um Millimeter. Millimeter, die das Raumgefühl beeinflussen und den Wettbewerb zwischen Herstellern und den verschiedenen Modellen.

Die tief in Höhlen lauernden Instrumente des Alfa 156 (links) haben ihren Ursprung im Interieur der Berlina (oben), des Sprint GT Veloce und Spider Fastback.

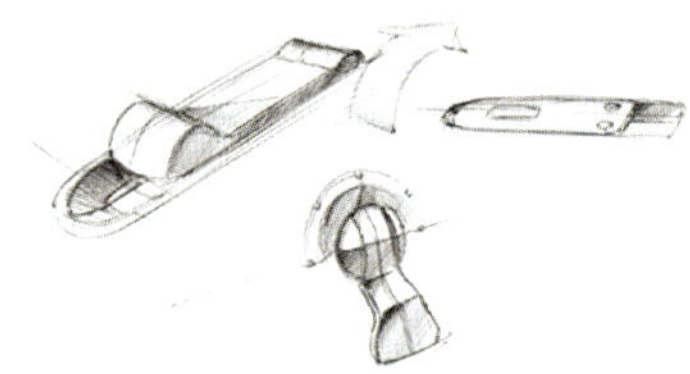

Um ehrlich zu sein: Dieser Wettstreit ist zumeist akademischer Natur und geht um minimale Unterschiede, die sich in den Augen der Kunden als irrelevant erweisen.

Den tatsächlichen Unterschied, den, der dann zu einem echten Wettbewerbsvorteil führt, macht die Fähigkeit des Designers aus, diesen begrenzten Raum vernünftig zu nutzen.

Die Rolle des Fahrzeugdesigns hat neben der Ästhetik und der Strategie auch eine kulturelle Wertigkeit erhalten. Die bekanntesten Automobilhersteller sind daher in der Lage, über die Formen und Materialien ihrer Produkte der hinter der Marke stehenden Geschichte und Kultur Ausdruck zu verleihen oder diese neu aufleben zu lassen.

Einen Alfa Romeo zu fahren war stets eine einzigartige und besonders lohnenswerte Erfahrung. Die Anordnung der Bedienelemente, deren Bedienerfreundlichkeit, die Schnelligkeit, mit der die wichtigen Elemente intuitiv zur Hand liegen, die Einfachheit und gute Verständlichkeit der Instrumente sind in der Welt des Automobilsports noch stärker ausgeprägt. Aus eben diesem Umfeld, das der Marke Alfa Romeo so vertraut ist, stammen die Pläne für die Innenausstattungen.

Unter allen Herstellern, die mit Autos Geschichte geschrieben haben, verfügt Alfa Romeo über eine der umfassendsten Sammlungen von Motorsport-Auszeichnungen. Über die Zahl der WM-, EM- und anderer Titel, der Siege und Erfolge im Grand-Prix-, Sport- und Tourenwagen- sowie Rallye-Sport ist an anderer Stelle schon vielfach geschrieben worden. Diese Geschichten füllen ganze Bücherregale. Und dieses wunderbare Vermächtnis ist der kulturelle Nährboden, aus dem Alfa Romeo seine Kraft schöpft. Damit dies auch durch die Formen und Materialien der Fahrzeuge erkennbar

Die kantigen Armaturenträger des Alfa 33 (1983), Alfa 75 (1985) und Alfa SZ/RZ (1989) scheinen heute überholt. Aber auch sie sind fahrerorientiert und reichlich bestückt.

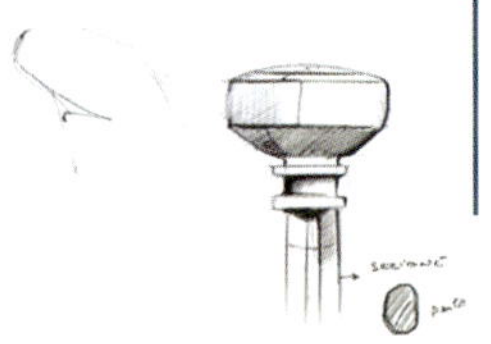

wird, haben die Designer versucht, sich an grundlegende Konzepte anzulehnen, die mit wenigen Schlüsselworten zusammengefasst werden können. Daher folgt auf Schönheit, Kraft, Aktualität und Ausdrucksstärke Dynamik, Funktionalität und Leidenschaft.

Alfa Romeo kann aus einem schier unerschöpflichen Fundus eigener Kreativität schöpfen. Nicht selten liefert das ebenfalls in Arese ansässige Werksmuseum klassische Ideen für moderne Details prompt und frei Haus. Unter anderem durch das akribische Studium der extremen, einzig für den Renneinsatz konzipierten Arbeitsplätze verschiedener historischer Alfa Romeo wie beispielsweise dem P2, der „Alfetta“, Tipo 512 oder dem Tipo 33 Stradale ist es gelungen, praktisch ein „Designkriterium“ für den Innenraum festzulegen.

Ein wichtiger Punkt ist die Architektur des Interieurs. Die Anordnung des Fahrerplatzes stammt unmittelbar aus der Welt der Autorennen: Sitz, Schaltung, Lenkrad und alle Bedienelemente sind ergonomisch-sportlich ausgerichtet. Wer sich in einen Alfa Romeo setzt, muss aber auch ein Gefühl von höchstem Komfort und Sicherheit haben. Die Pedale sind für ein schnelles und präzises Fahren angeordnet. Auch hier kommt wieder die Sportlichkeit zum Tragen. Die Instrumente sind dem Fahrer zugewandt und außerordentlich klar.

Aber auch die Formensprache spielt eine wichtige, oftmals lediglich unterschwellig wahrgenommene Rolle.

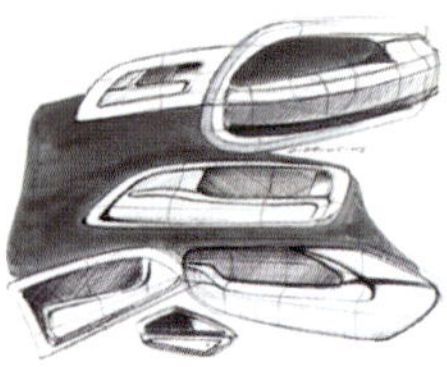

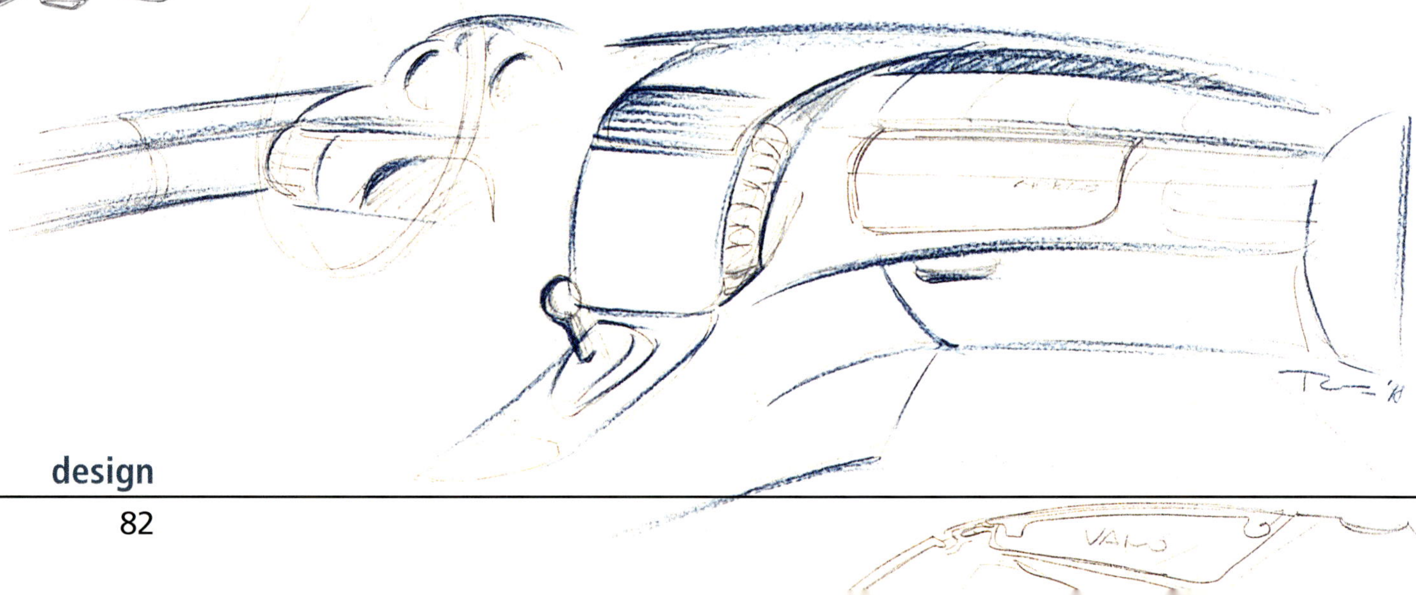

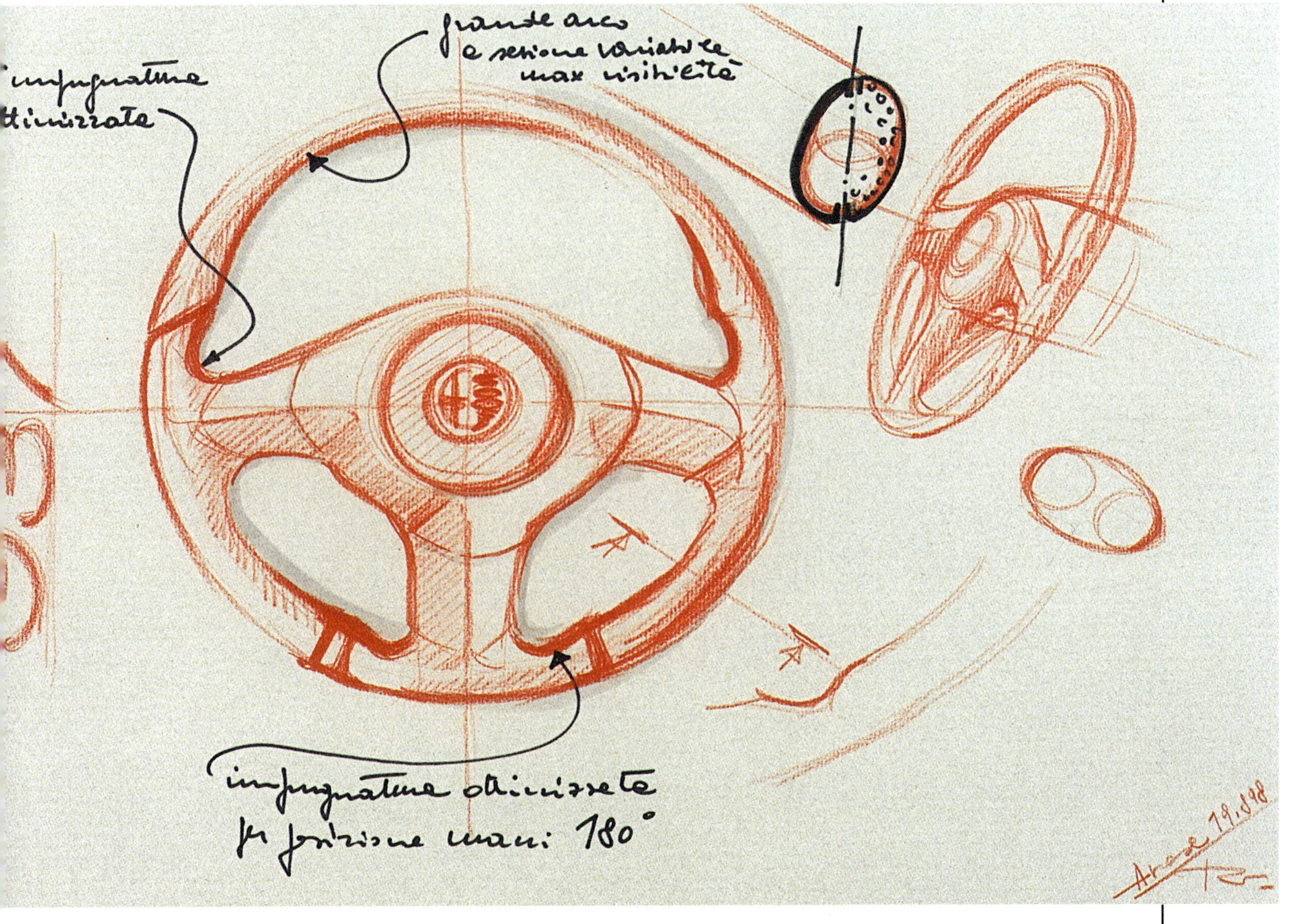

Unsere Vorgabe für die Oberflächenbehandlung im Fahrzeuginneren ist höchste Essentialität und funktionale Schlichtheit. Die Formen müssen ausschließlich der Funktion dienen. Und das Armaturenbrett ist tatsächlich ein Raum, der Instrumente, Klimaanlage und andere funktionale Elemente enthält. Eigentlich ist es die Rückkehr zu dem, was sich einst Instrumententräger nannte. Selbstverständlich unterliegt auch das Design der weiteren Elemente einer streng eingehaltenen Philosophie. Die Designsprache des Lenkrads, des Schalthebels, der Lüftungsklappen, der Bedienknöpfe, Displays, Schalter usw. ist genau, präzise, fast wertvoll.

Sowohl die Architektur als auch die Formensprache des Instrumententrägers und seiner Einzelelemente unterliegen einem Konzept. Dieses führt die Grundprinzipien der Markenphilosophie fort. Das ist wichtig, um auch künftige Modelle intuitiv als typische Alfa Romeo identifizieren zu können und ihnen ihren verdienten Platz in der beispiellos facettenreichen Markenhistorie einzuräumen. Hierbei achten die Designer darauf, dass bei aller Aktualität auch die Aspekte angepasst werden, die seit jeher einen Alfa Romeo im Sinne technischer und gesellschaftlicher Entwicklung ausmachen. Ein kleines, aber nicht unentscheidendes Element dafür ist die Farbe.

Rot – offizielle Farbe italienischer Rennwagen – ist für Alfa Romeo eine grundlegende Farbe geblieben. Doch sie wird sparsam eingesetzt. Nie mit gelben Einschlüssen verfälscht, so dass die Farbe offensichtlicher, aber auch „lauter" wird. Die vorherrschende Farbe im Inneren des Alfa Romeo bleibt dagegen auch weiterhin Dunkelgrau. Dadurch werden die Bedienelemente besser hervorgehoben und gegen Spiegelungen geschützt. Und die für Alfa Romeo typischen Materialien nutzen die Eleganz der High-Tech-Tradition: Aluminium, Leder und Holz, wo ein Hautkontakt (Lenkrad und Schaltung) besteht. Schließlich wollen auch die haptischen Sinne umschmeichelt werden.

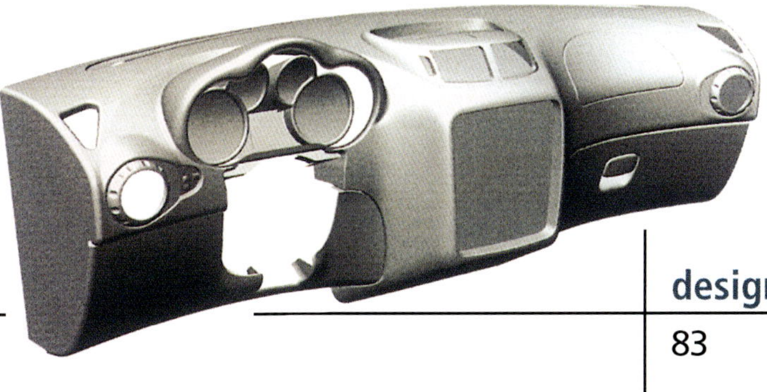

Kunst kommt von Können

Alfa Romeo in der Malerei

Dynamisch, schwungvoll und gezielt, den Druck auf die Außenkante ausübend, zieht er seine Bahn. Aus dem Radio klingen chillige Sounds à la „Café del mar". Der Schwung des Spachtels, der die reichlich aufgetragene Farbe über die Leinwand verteilt, erinnert an einen versiert bewegten GTA. Kunststück – im besten Wortsinn.

Geführt wird der Spachtel von Uli Hack. Noch ist nicht zu erkennen, was gerade entsteht, doch im Kopf des 41-jährigen Künstlers ist das Werk bereits fast vollendet. Eine knappe halbe Stunde vergeht, bis das Scudetto des Alfa 156 GTA, triefend feucht, aber deutlich erkennbar, vor ihm und den Gästen seiner Live-Performance auf dem Boden liegt. „Mit dem aktuellen GTA schließt sich für mich ein Kreis", erzählt Hack, der nach rund zehnjährigem Schaffen als Bankkaufmann die Malerei für sich entdeckte. Hack ist Autodidakt. Aber das Auto ist bei weitem nicht der einzige Inhalt seines Schaffens. „Allerdings hat es durchaus mit dem Automobil angefangen", erinnert sich Hack. Ende der 80er-Jahre arbeitet der Freiburger während des Oldtimer-Grand-Prix an der Darstellung eines Giulia Sprint GTA. Dynamisch, im leichten Drift und ein Vorderrad in der Höh'. Selbstverständlich. Schließlich ist Geschwindigkeit immer wieder eines seiner Hauptthemen.

Inzwischen hat der Pinsel ausgedient. Die akribische Darstellung von Details ist einer dynamischen, leicht entfremdeten Darstellung gewichen. Doch im Grenzbereich bewegt sich der von klein auf Auto begeisterte Freiburger noch immer: „Fliegt der Wagen ab, oder hält ihn der Fahrer auf der Piste? Speed ist mein Thema." Deshalb arbeitet Uli Hack großzügig mit Spachtel und Acryl. „Der Spachtel macht das Bild schnell."

So malt sich Hack bis in die Formel 1 und wird – auf Bitten des F1-Zampano Bernie Ecclestone – der bislang einzige offizielle Künstler des Vollgas-Zirkus. „Nach einer Reihe von Rennplakaten habe ich hier dann auch die schnelle Umsetzung am Ort für mich entdeckt", erklärt Hack seine Vorliebe für die improvisiert wirkenden und dennoch alles andere als zufälligen Live-Vorstellungen. Auf diese Weise schafft er einen Bezug zwischen den Betrachtern und sich selbst. So erleben weltweit zahlreiche Paddock-Club-Gäste sein Schaffen. Sei-

Uli Hack

Steffen Imhof

ne Werke erzielen binnen kurzer Zeit Höchstpreise. 20.000 Mark pro Stück sind Standard. Doch Standard ist nicht Hacks Stil. Nicht preislich und schon gar nicht was sein Schaffen anbelangt. So hat Uli Hack mittlerweile das Kapitel Formel 1 für sich geschlossen. Herausforderungen findet er bei anderen Sportarten, der Segelei, Landschaften oder im Pflanzenreich. Aber das Auto im Allgemeinen – und Alfa Romeo im Speziellen – lässt ihn nicht los. Und so erfordert es auch keine große Überredungskunst, den Künstler für das Thema Alfa 156 GTA zu gewinnen.

Steffen Imhof zählt ebenfalls zu den etablierten Künstlern, die sich stark der Darstellung des Automobils verschrieben haben. Auch Imhof arbeitet mit Acryl, verwendet den Spachtel, doch auf dem fetzig arrangierten Untergrund arbeitet der in der Nähe von Aschaffenburg lebende Künstler gern einige Details seiner stark angeschnittenen Modelle hervor. „Mich reizt der Spagat zwischen Tempo und Detail", erklärt Steffen Imhof. Doch neben der Visualisierung von Geschwindigkeit geht es um die Ästhetik und Technik.

Fast zwangsläufig ist Imhof über das Thema Ferrari auch auf die Formel 1 und zur Rennerei gestoßen. Für Alfa Romeo verwirklicht er ein Tryptichon, das den optischen Bezug zwischen dem aktuellen Alfa 147, fortschrittlichster Kommunikationstechnik – wie dem innovativen Connect-System – und den stilistischen Wurzeln der Mailänder Marke darstellt. Dem dreiteiligen Werk zum Thema Alfa 147 folgte im vergangenen Jahr ein Werk, das die 90-jährige Motorsporthistorie der Mailänder Avantgardemarke darstellt. „Im Rahmen meiner Recherchen für dieses Bild habe ich mich mit dem Virus Alfa Romeo infiziert", erklärt Imhof, der tagelang auf mannigfachen Internetseiten Motive sucht, sich mit der Geschichte der Marke auseinander setzt und den weltweiten Zusammenhalt der Alfisti anhand von zahlreichen Internet-Diskussionen, Veranstaltungsberichten und Kommunikations-Foren erlebt. „Diese Kraft einer Marke", so Imhof, „habe ich noch nicht einmal bei Ferrari oder meinen Werken zum Thema Michael Schumacher erlebt." So ist in diesem Jahr eine Reihe von Motiven entstanden, die Steffen Imhof in einem qualitativ einzigartigen Kunstdruckkalender realisiert hat. Sein Bogen führt vom 8C 2300 Monza bis zum Brera und umspannt faszinierende Modelle wie den Giulietta Spider, Giulia Sprint GTA oder Martini-Alfa 155 TI V6 aus der DTM/ITC. Und auch die Giulia TZ zieht ihn nach Recherchen im nahe liegenden Aschaffenburger Museum Rosso Bianco in den Bann.

Der erste Künstler, der den „Tubolare Zagato" in die Ausstellungen dieser Welt bringt, ist Gerhard Richter. Der aus Dresden stammende und in Düsseldorf ausgebildete Künstler beginnt in seiner Frühphase, Anfang bis Mitte der 60er-Jahre, ebenfalls mit dem Automobil. Nach „Ferrari" entstehen „Alfa Romeo" und „zwei Fiat". Seine automobilen Werke beschäftigen sich interessanter Weise ausschließlich mit den Mobilen aus „bella Italia". Richter, der zu den bedeutensten – und damit nahezu zwangsläufig auch höchstdotierten – deutschen Künstlern zählt, schafft einen interessanten Bruch zwischen seiner vermeintlich fotorealistischen Darstellung einer- und kaum wahrnehmbarer Verfremdung andererseits. Der 1965 in Öl auf Leinwand gemalte „Alfa Romeo" ist unscharf, eine Technik, die die Vertrautheit des gewöhnlichen Zeitschriftenausschnitts vermittelt und wegen ihrer Verfremdung dennoch zur Auseinandersetzung mit dem Motiv animiert.

Die Reihe von Künstlern und Kunsthandwerkern, die sich mit der Mailänder Marke auseinandersetzen und sie mittels verschiedener Techniken und Interpretationen auch für Kunstwissenschaftler, Sammler und Ästheten interessant machen, ist lang, ein umfassender Überblick schier unmöglich. Doch gleich der künstlerischen Güte ihrer Werke eint sie doch der Reiz, den faszinierenden Zauber der einzigartigen Marke zu entschlüsseln und – bewusst oder unbewusst – den Mythos Alfa Romeo mit weiteren Werken zu untermauern.

Gerhard Richter

Auf die harte Tour

Alfa 147 im Praxis-Härtetest

Die Sonne brennt gnadenlos. Die Temperaturanzeige klettert auf 47° Celsius. Der einzige Schatten weit und breit liegt unter dem Auto. Doch dort sorgt die Abwärme von Motor und Auspuff dafür, dass die heiße Luft am Fahrzeug vorbei nach oben wabert. Die Klimaanlage arbeitet auf Hochtouren. Und die aus den zahlreichen Lüftungsdüsen austretende Luft kühlt angenehm. Hinter uns liegt eine Schotterpiste, vor uns auch. Zig Kilometer lang.

147
MSL529 · GP

Wir sind in Südafrika, eine halbe Tagesreise östlich von Johannesburg, nahe dem Krüger-Park. Es ist eines der Ziele, das jeder neue Alfa Romeo im Laufe seiner Entwicklungszeit ansteuert. Die Ingenieure aus der Entwicklungs- und Versuchsabteilung nennen diese Versuchsreihe Sommertest. Auch wenn sie im Winter statt findet. Hier, unter der afrikanischen Sonne, lässt sich der Temperaturhaushalt eines in einigen Monaten auf den Markt kommenden Alfa Romeo vorzüglich analysieren. Arbeitet die Klimaanlage auch unter Extrembedingungen einwandfrei? Kommt sie auch mit dem tropischen Klima im Südosten des Landes zurecht? Wie verhält es sich mit der Lautstärke und der Zugentwicklung bei voller Leistungskraft?

Aber für die Klimaanlage und die Temperaturen von Motor und Getriebe allein müssten die Spezialisten aus Italien nicht nach Afrika reisen. Vielmehr bieten die schier unendlichen und doch gut befahrbaren Schotterstraßen das ideale Terrain für ausgiebige Testfahrten. „Hier gewinnen wir Erkenntnisse", erzählt Michele Nova, Entwicklungsleiter in der Technischen Direktion von Alfa Romeo, „die wir nur in der Praxis erfahren können. Uns geht es auch darum, den Sand und feinen Staub, den die Fahrzeuge wie eine lange Schleppe hinter sich her ziehen, außerhalb des Innenraums zu lassen."

Um zu sehen, wohin sich der feine Staub, nicht zuletzt wegen der notwendigen Innenraumbelüftung, seinen Weg bahnt, werden die Fahrzeuge und das Gepäck der Reisenden vor der Fahrt über Stock und Stein präpariert: Tücher und Hemden werden gefaltet und mitsamt Koffer im Kofferraum deponiert. Nicht selten finden die Testfahrer den aggressiven roten Staub abends beim

Endlose Schotterstraßen und sengende Hitze machen Südafrikas Pisten zum idealen Testlabor – exotische Impressionen inklusive

Der feine Staub sucht sich seinen Weg. Bis ins Reisegepäck. Doch da darf er nicht hin

Selespeed

Wenn alle Systeme die extremen Belastungstests bestehen, bestehen sie auch im Alltag.

Auspacken ihres Gepäcks nicht nur auf Haut und Haaren, sondern auch zwischen ihren Kleidungsstücken. Und auch die Fahrzeuge leiden im Zeitraffertempo: „Die Beanspruchungen hier auf den rauen Straßen liegen um ein Vielfaches über dem, was die Fahrzeuge normalerweise im Laufe ihres Lebens einstecken müssen – gleich ob in Europa, Asien oder Afrika“, erklärt Nova.

Die Steine und Schlaglöcher lassen die Stoßdämpfer zu Schwerstarbeitern mutieren. Jeder Schlag ist eine Bewährungsprobe für das Fahrwerk und seine zahlreichen Aufnahmen. Und auch der Staub hebt den Verschleiß hervor: Er überzieht Motor, Bremsen, Getriebe und alle anderen Aggregate mit einem feinen roten Film, setzt sich in den Luftfilter und wird in die Keilriemen massiert. Und die in die Radhäuser prasselnden Steine rütteln an den Nerven der Insassen. „Das dabei entstehende Geräusch entspricht nicht der Qualitätsanmutung, die ein Alfa Romeo unserer Ansicht nach haben sollte“, berichtet Michele Nova, „deshalb montieren wir mittlerweile in den Kotflügeln teppichartige Auffangelemente. Das ist eine von vielen Verbesserungen, die wir im Rahmen dieser Sommertests ins Produkt einfließen lassen konnten.“

Die Klima- und Straßenbedingungen erlauben eine fast ganzjährige Durchführung der südafrikanischen Sommertests. Zum Entwicklungsprogramm gehören neben den Langstreckentests auf der Teststrecke in Balocco und den Straßen Norditaliens auch noch Dauerläufe auf dem süditalienischen Hochgeschwindigkeitsoval von Nardò. Hier wird die Leistungsfähigkeit und Dauerhaltbarkeit von Motor und Getriebe auf die Probe gestellt und das Emissionsverhalten untersucht. Auf der legendären Nürburgring-Nordschleife erhalten Fahrwerk und Gripeigenschaften ihren dynamischen Feinschliff. Als Stützpunkt dient die in unmittelbarer Nachbarschaft stationierte Testwerkstatt.

Neben den Schotterstraßen Südafrikas sammeln die Entwicklungs- und Versuchsingenieure auch im tropisch heißen Brasilien, in der Höhenluft Chiles oder auf den unwegsamen Pisten Russlands emsig Kilometer. Weniger weit entfernt liegen die Straßen auf Sizilien und rund um das spanische Granada, auf denen sich ebenfalls die Leistungsfähigkeit der Klimaanlage, die Ventilation im Innerraum und die Fahrbarkeit auf verschiedenen Asphaltoberflächen erfahren lässt.

Und natürlich stehen analog zu den Sommertests auch noch Wintertests auf dem Programm. Die Bedingungen in Eis, Schnee und Kälte geben ein ideales Plateau für fahrdynamische Versuche, die Abstimmung von ABS, ASR und VDC sowie Kaltstartverhalten und Ansprechen der Heizung. Und auch die Verschmutzung des Fahrzeugs lässt sich hier unter Realbedingugen ermitteln. Dafür lauten die Ziele Schweden, Finnland oder – wie naheliegend – Levigno. Doch das ist eine andere Geschichte …

Ein Herz für die Welt

Alfa Romeo goes global

Die temperamentvollen Italiener fahren auch unter dem Zuckerhut (links oben), in Argentinien (oben) oder Russland (links) …

Bereits heute ist Alfa Romeo eine globale Marke und auf allen Kontinenten vertreten.

Südafrika, Deutschland und Italien sind lediglich drei von insgesamt 83 Ländern, in denen die Mailänder Marke vertrieben wird. Auch wenn das US-Comeback noch bis zur Markteinführung der nächsten Fahrzeuggeneration, dem Nachfolger des Alfa 156 und Alfa Spider, auf sich warten lässt, so ist Alfa Romeo bereits heute eine globale Marke. Es gibt keinen Kontinent – die Antarktis einmal ausgenommen –, auf dem die sportlichen Fahrzeuge aus Mailand nicht zum automobilen Adel zählen. So erstrecken sich die Länder, in denen Alfa Romeo zu Hause ist, von Dubai bis Ägypten, Thailand über Australien bis Neuseeland, Indonesien bis Tahiti, China bis Japan und Panama bis Argentinien.

Sicherlich genießt der nordamerikanische Markt eine Sonderstellung, schließlich dient ein dortiger Erfolg gleichzeitig als spürbarer Multiplikator für die Produktionszahlen. Ein Markt von rund 16,4 Millionen Fahrzeugen pro Jahr stellt gegenüber den rund 3,25 Millionen neu zugelassenen Automobilen hierzulande oder 2,25 Millionen in Italien sicherlich eine nicht zu vernachlässigende Chance dar.

Bis 1995 war Alfa Romeo eine feste Größe auf dem US-Markt. Allerdings mussten die treuen Anhänger dort letztendlich auf ein reduziertes Angebot zurück greifen: den als 166 verkauften 164 und den bereits klassischen Spider der 105/115er-Baureihe. Der Rückzug fußte seinerzeit auf einem ehemals mit Chrysler abgeschlossenen Kooperationsabkommen bezüglich des Vertriebs- und Servicenetzes, das mit der Übernahme von Chrysler durch Daimler-Benz hinfällig wurde. Dennoch ist die Alfa Romeo Fangemeinde auf der anderen Seite des großen Teichs immer noch groß. So gehört die Marke beispielsweise alljährlich zu den Hauptdarstellern des im Umfeld des Concours d'Elegance von Pebble Beach organisierten „Italian Day“. Ein Blick auf die schier unüberschaubare Zahl von US-amerikanischen Alfa-Seiten im Internet ist ein weiteres Indiz für

In China hört die Mailänder Marke auf den Namen „a ér fà lui mi òu“ – zumindest wird er dort so ausgesprochen

die Ungeduld, mit der die Amerikaner dem baldigen Comeback entgegen fiebern.

Überschaubarer, aber bereits seit nunmehr schon wieder vier Jahren erfolgreich, agiert Alfa Romeo „down under“: In Australien rangieren die Verkaufszahlen auf dem selben Niveau, wie beispielsweise die von Audi. Die gut 2000 jährlich zugelassenen italienischen Sportler sind voranging in den Metropolen Sydney, Perth und Melbourne beheimatet, in denen das Stadtbild weniger von den hubraumstarken V8-Bollermännern australischer Herkunft geprägt wird. In Neuseeland, auf den beiden naturgeprägten Inseln im südlichen Pazifik, gehen jährlich gut 700 rechts gelenkte Alfa Romeo in die Hände automobiler Feinschmecker. Und auch die gut 9000 jährlich in die Autonation Japan verkauften Alfa Romeo erscheinen auf den ersten Blick nicht sonderlich viel, doch bei den exorbitant hohen Preisen, die für die extravaganten Importfahrzeuge der Mailänder Traditionsmarke im Land der aufgehenden Sonne gezahlt werden müssen, sind dies über die Maßen lohnenswerte Verkäufe. Derzeit lassen sich die Japaner gerade einen sportlich kompromisslosen GTV mit 3,2-Liter-Sechszylinder in limitierter Auflage auf die Räder stellen, der auch hierzulande eine kleine – aber feine – Fangemeinde finden dürfte. Ein unfassbar riesiges Potenzial bietet auch der chinesische Markt: Ein Milliardenvolk, das zumindest teilweise den Anschluss an westliche Industrienationen knüpft. Hier ist Alfa Romeo seit einem knappen Jahr vertreten und die chinesische Sprache unterteilt das hier angebotene Modellprogramm in „Sportwagen“ – vom Alfa 147 über 156 zum 166 3.0 mit Automatik – und „Rennwagen“, wie Alfa Spider und GTV, sowie dem jetzt ebenfalls angebotenen Alfa 156 GTA.

Die dort inzwischen über 2000 ausgelieferten Alfa Romeo sind den Gegebenheiten des Marktes angepasst. Dazu gehört beispielsweise ein höher gelegtes Fahrwerk mit stärker dimensionierten Stoßdämpfern, das die mitunter doch ziemlich schlechten Straßen mühelos wegzustecken vermag. „Wesentlich tiefgreifender“, erzählt Giorgio Marchesi, Ingenieur der Technischen Direktion von Alfa Romeo, „sind die Modifikationen, die wir für die Autos durchführen, die für die Staaten der ehemaligen Sowjetunion bestimmt sind. Da gehört neben der um 20 Millimeter größeren Bodenfreiheit auch eine modifizierte Motorsteuerung dazu, die selbst trotz schlechterer Kraftstoffqualität Alfa-typische Leistungsfähigkeit hervorzaubert. Darüber hinaus werden Stoßdämpfer und Federn so dimensioniert, dass sie dauerhaft mit ruppigen Straßenoberflächen klar kommen. Auch Servolenkung und Schmiermittel müssen den Gegebenheiten angepasst werden. Wichtig ist ebenfalls, dass die dort vertriebenen Alfa Romeo extreme Temperaturschwankungen klaglos hinnehmen.“ Bei Testfahrten bewegte sich die Quecksilbersäule von minus 36 Grad Celsius bis beinahe zum entsprechenden Pluswert.

„Für die südamerikanischen Märkte sehen unsere Abstimmungsarbeiten dann wieder anders aus“, erklärt Marchesi. „Dort müssen wir das Motormanagement beispielsweise für die Höhenluft in den Anden präparieren, schließlich führt der Sauerstoffmangel in der Höhe zu Leistungseinbußen, die wir selbstverständlich nicht akzeptieren können.“ Die umfangreichen Spezifikationen für einzelne Märkte – im tropischen Südostasien brauchen die Autos beispielsweise keine Heizung, sondern nur eine leistungsfähige Klimaanlage – machen die Fertigung eines „Weltautos“ unmöglich. Daher werden die in Italien und – seit diesem Jahr – auch in Thailand gefertigten Alfa Romeo von vornherein auf ihr späteres Leben in ihren Bestimmungsländern vorbereitet. Und mit dem wahlweise links oder rechts montierten Lenkrad ist das eben noch lange nicht geschehen.

147
MSL529 GP

Stück für Stück Alfa

Von Baukästen und Plattformen

Der Alfa 147 bedient sich aus dem Baukasten des Alfa156. Das beschert ihm die Vierlenker-Vorderachse.

1965 beginnt die Ära GTA.
2001 folgt die Fortsetzung dieses einmaligen Kapitels.

Die negativ anmutende Diskussion über Plattformen ist eine „olle Kamelle“ und wird dem modernen Fahrzeugbau nicht mehr gerecht. Angestoßen wurde sie vor nicht allzu langer Zeit in der norddeutschen Tiefebene. Dort, wo derzeit Fahrzeugmodelle entstehen, deren mannigfache Ableger auch unter anderen Markennamen firmieren, ihre vielfachen Übereinstimmungen jedoch kaum verbergen können. Und das Gros der Chronisten vergisst, dass es sich beim Thema Plattform eigentlich um eine Geschichte mit großer Vergangenheit handelt. Tatsächlich müssen sich gemeinsame Gene eines architektonischen Baukastens nicht als Makel erweisen – eher das Gegenteil ist der Fall.

Alfa Romeo erkennt schon früh die Vorteile dieser effizienten Konstruktionsweise und ist damit seinerzeit so manchen Herstellern einen Schritt voraus. Dieses Know-how, das sich der Fiat-Konzern und die anfangs noch staatlich kontrollierte Marke Alfa Romeo sowie die heutige GM-Tochter Saab Mitte der achtziger Jahre erwerben, bildet das Fundament für ein fruchtbares Joint-venture, das Kosten reduzierende Synergien schafft und dennoch unverwechselbare, charakterstarke Automobile hervorbringt.

Heute haben diese „Plattformen“ nichts mehr mit Plattformen im eigentlichen Wortsinn zu tun. Die Konstruktion gewisser Grundelemente, die für verschiedene, auch markenfremde Fahrzeuge genutzt werden können, umfassen heute die Anordnung von Fahrwerksbaugruppen, Motor und Getriebe, Gleichteile wie etwa dem Tank oder andere, für den Fahrer unsichtbare Elemente. Dabei gewährt die moderne Architektur Spielräume auch in puncto Radstand, Antriebsart oder Karosseriebreite.

Da waren die Fahrzeugkonstrukteure anno dazumal deutlich eingeschränkter, sie verwendeten Gleichteile umso zahlreicher. So spielen die Alfa Romeo aus der Vorkriegszeit quantitativ sicherlich eine andere Rolle als die Erfolgsnummern 156 oder 147. Doch hier dienen identische, allenfalls in der Länge variierende Rahmen als Basis zahlreicher, optisch grundverschiedener Modellvarianten. Modelle wie der 6C 2500 – vom zweisitzigen Renn-Spider über flotte Cabriolets und aerodynamische Coupés bis hin zu repräsentativen, siebensitzigen Staatslimousinen und einem Kübelwagen für das Militär – basieren in ihren mannigfachen Variationen auf einem weitgehend identischen Chassis. Und auch die technischen Komponenten brauchen sich ihrer Verwandtschaft zu Vorgängermodellen, achtzylindrigen Schwestermodellen und siegreichen Renn-Boliden nicht zu schämen.

Mit dem Wandel von der Manufaktur zum Serienhersteller und dem Einzug der selbst tragenden Karosseriebauweise schnellen die Produktionszahlen nach oben. Der Spielraum für Veränderungen wird dabei gleichzeitig enger. Dennoch verstehen es die Ingenieure in Portello, auf Basis der Giulietta gleich eine Vielzahl unterschiedlicher Automobile zu gestalten. So bringt die Mailänder Plattform-Strategie neben der Limousine noch einen Spider und nicht weniger als vier Coupés hervor: Giulietta Sprint, Sprint Speziale und die beiden Zagato-Versionen SVZ und SZ sowie den seltenen „Retro-Spider" Gran Sport Quattroruote. Auch hier bedienen sich die Alfisti verschiedener Radstände. Doch die Verwandtschaft der großformatigen Blechteile erlaubt schon eher die Verwendung des Begriffs „Plattform". Diese Modellvielfalt wird für den exklusiven und relativ kleinen Fahrzeughersteller erst durch die clevere Vorgehensweise möglich, bei der neben übereinstimmenden Blechteilen auch gemeinsame Motoren, Getriebe und Fahrwerkskomponenten verwendet werden.

Giulietta, Giulietta Sprint, Giulietta Spider und Giulietta Sprint Speciale gehören zu den attraktivsten Vertretern der Plattform-Technik Mitte der fünfziger Jahre …

Die bewährte Bauweise wird auch für die nachfolgenden Fahrzeug-Generationen übernommen. So entstehen auf der „Giulia-Plattform" sechs grundverschiedene Modelle mit noch einmal verschiedenen Karosserievarianten. Neben der Giulia und der größeren Berlina 1750 bzw. 2000 gehören dazu noch der Sprint GT, das Alu-Coupé GTA und Touring-Cabriolet GTC sowie die beiden Zagato-Coupés Junior Zagato und 1600 Junior Zagato. Außerdem gehören auch noch der mehr als 27 Jahre lang und in vier Varianten produzierte Spider und das Achtzylindercoupé Montreal dazu. Die Doppelnocken-Vierzylinder finden sich in fast allen Modellen mit Hubräumen von 1,3 bis 2,0 Liter wieder. Sie dienen darüber hinaus als Basis für den Sechszylinder der 2600-Modelle.

Eine weitere „Plattform-Familie" entsteht mit Vorstellung der Alfetta. Ihren Namen erhält die Anfang der siebziger Jahre zeitgemäß schlicht gestaltete Limousine vom gleichnamigen Formel-1-Boliden, mit dem 1950 und 1951 Farina und Fangio die ersten beiden F1-Weltmeistertitel erringen können. Zur Alfetta gesellt sich die Coupé-Version Alfetta GT. Mit der Nuova Giulietta dient diese Plattform zum Ausbau der Modellpalette nach unten. Und auch die Nachfolger Alfa 90 und Alfa 75 sowie die extravagant gestylten Sportwagen SZ und RZ bedienen sich der identischen Grundarchitektur und den bereits bekannten Vier- und Sechszylindertriebwerken mit DeDion-Hinterachse und angeblocktem Transaxle-Getriebe.

Dennoch suchen die Techniker nach weiteren Möglichkeiten, die Kosten für die immer komplexer werdenden Fahrzeuge nicht durch konstruktive Verschwendungen in Schwindel erregende Höhen treiben zu lassen. Alberto hilft. „ALBERTO" steht für ALfa Romeo, BERlina und TOrino. Denn statt sich wie in der Vergangenheit ausschließlich auf die eigene Modellpalette zu beschränken, begeben sich die Mailänder auf die Suche nach Mitstreitern und finden sie bei Fiat/Lancia und Saab. Gemeinsam entwickeln die drei Hersteller die Plattform einer modernen, nun frontgetriebenen Limousinen-Generation, aus der der Alfa 164, Lancia Thema, Fiat Croma und Saab 9000 hervor gehen. Trotzdem zeigen die beteiligten Hersteller, wie sich die Markeninhalte erfolgreich wahren lassen.

Die Technik und Plattform der Giulia-Familie lebt mit dem Spider bis in die Neunziger.

Hinter den verschlossenen Türen der Entwicklungsabteilungen wird bereits seit geraumer Zeit an umfassenden Projekten zur sinnvollen Nutzung von Plattformen, oder besser gesagt architektonischen Baukästen, gearbeitet. Der Anstoß kommt unter dem Entwicklungscode R80 im Jahr 1978 aus Turin. Und das Design- und Entwicklungsstudio I.DE.A entwickelt mit dem VSS (Vettura Sotto Sistemi) einen Prototypen, der sich für moderne Konstruktionstypologie als Weg weisend zeigt. Erstmals werden alle strukturellen Elemente auf rationale Weise analysiert. Die Studie wird damit zum Schrittmacher auf dem Pfad zum systematisch orientierten Design.

Projektleiter für diese revolutionäre Konzeption einer als Grundelement dienenden Fahrzeugzelle, die sich mit verschiedenen Bauelementen und Karosserie-Außenhäuten in eine Vielzahl unterschiedlicher Fahrzeuge verwandeln lässt, ist der erfolgreiche Konstrukteur Rudolf Hruska. Hruska hat sich nicht zuletzt als Vater des Alfasud einen Namen gemacht. Nach seiner Zeit bei Alfa Romeo beginnt seine Arbeit im Institute of Development in Automotive Engineering S.p.A. (I.DE.A.). Dort bleibt Hruska bis zu seinem Tod der technische Supervisor.

Noch bevor die Fiat-Seite mit der VSS-Studie Erfahrungen zum Thema Frontantriebs-Plattform-Architektur sammelt, untersuchen 1974 die Mailänder Ingenieure, ob sich die bereits mit dem überaus erfolgreichen Sud gemachten Erfahrungen auch auf eine weitere, größere Fahrzeugfamilie mit Frontantrieb übertragen lassen. Unter dem Zahlencode 152 entsteht ein Projekt, dass den bereits aus Giulia und Alfetta bekannten Reihenvierzylinder verwendet. Allerdings ist der sportliche Motor bauartbedingt quer montiert und, um eine niedrige Fahrzeugfront zu ermöglichen, um 52 Grad nach hinten geneigt. Die Planungen werden konkretisiert: Als Varianten werden eine Version mit 1,3 Litern Hubraum und Vierganggetriebe sowie eine 1600er Fünfgang-Variante angedacht. Und auch die Verwendung eines Viergang-Automatik-Getriebes ist eingeplant. Die Einbauposition vereinfacht zudem die Abgasführung des Querstrommotors. Die Vorderradaufhängung ist, ähnlich der Alfetta, mit Drehstäben und unterem Querlenker konzipiert. Die starre McPherson-Hinterachse mit zwei Längslenkern trägt ihren Teil zum neutralen und für Alfa Romeo charakteristischen sportlich-direkten Fahrverhalten bei.

… und auch in den Sechzigern sichert diese Konstruktionsart der Giulia-Familie eine beispielhafte Modellvielfalt.

Der Alfa 155 gehört zu den vom VSS beeinflussten Modellen. Seine Struktur ist mit der des Fiat Tempra und Lancia Dedra identisch.

Diese neue, äußerst moderne Plattform soll dem damals noch staatlich kontrollierten Automobilproduzenten als eine zugleich fortschrittliche wie auch kosteneffiziente Basis für verschiedene Karosserievarianten dienen. Doch die Verantwortlichen in Arese scheuen die Investitionen in neue Werkzeuge, suchen den kurzfristig kostengünstigeren Weg und entscheiden sich bei der in den Startlöchern befindlichen Nuova Giulietta für die Verwendung der ziemlich neuen und hoch gelobten Alfetta-Transaxle-Plattform . Allerdings sind die mit dem Projekt 152 gesammelten Erkenntnisse nicht verloren: Rund zehn Jahre später steuert Alfa Romeo sie zum Projekt „ALBERTO“ bei.

Zurück nach Moncalieri, dem Sitz des unter anderem von Umberto Agnelli initiierten Konstruktionsbüros I.DE.A.: Zum Kreativteam des von Franco Mantegazza und Renzo Piano geleiteten I.DE.A-Instituts gehört der junge Walter de Silva. Er nutzt die Entwicklung des VSS und der daraus entstehenden Fahrzeuge für den Fiat-Konzern Ende 1986 als Sprungbrett in die Direktion des Centro Stile Alfa Romeo. Neben Aufträgen für Kunden wie Ferrari oder Mercedes wird I.DE.A. in erster Linie durch Entwürfe für Fiat, Lancia und Alfa Romeo bekannt. Neben de Silva sitzt auch der ehemalige Zagato-Designer Ercole Spada im Boot. Spada begleitete einst die Entwicklung des Giulia TZ und entwirft den Junior Zagato. Bei I.DE.A. wird ihm die Linienführung des Alfa 155 zugeschrieben.

Die Studie zeigt die Möglichkeiten auf, eine identische Fahrzeugzelle mit Hilfe verschiedener Karosserieteile zum Basisträger für eine Vielzahl von Fahrzeugen zu machen. Und mit Modellen wie den aus dem „Tipo 2“-Projekt hervorgehenden Lancia Dedra, Fiat Tempra und Alfa 155 demonstriert I.DE.A die Serienreife der VSS-Idee. So sind beispielsweise neben den Plattformen dieser Autos auch die Abmessungen der Türen identisch. Doch unterschiedliche Türaußenhäute bescheren ihnen eine eigenständige Optik im Detail. Aber dieses

Auch der Alfa 145 und Alfa146 basieren auf der I.DE.A.-Struktur. Doch die nächsten Generationen sind ungleich individueller.

Konzept zeigt auch Grenzen auf. Die Verwendung von Gleichteilen im Bereich des Interieurs, wie ähnlicher Armaturenbretter, Instrumente, Lenkräder und Lenkstockhebel werden von der Kundschaft kritisch zur Kenntnis genommen. Für die Wahrung der markenspezifischen Charakteristika geht dieser kostengünstige Weg deutlich zu weit.

Und so präsentiert der Konzern mit den Nachfolgemodellen Alfa 156 und Lancia Lybra lange bevor andere Konzerne diese Erfahrungen sammeln durften, wie unterschiedlich zwei Automobile trotz Nutzung gemeinsamer Entwicklungsschritte sein können. Geschickt den jeweiligen markenspezifischen Anforderungen angepasste Motorisierungen, Fahrwerksgeometrien und -abstimmungen unterstützen den Eindruck, in einem reinrassigen Alfa Romeo oder eigenständigen Lancia zu sitzen. Aber auch die Nutzung des markeneigenen Baukastens über die Modellpalette hinweg erweist sich als durchaus sinnvoll.

Mit Hinblick auf die in Jahrzehnten gesammelten Erfahrungen konnte der Fiat-Konzern die Weichen für in der Automobilbranche einzigartig hoch entwickelte Entwicklungsfertigkeiten stellen. Gemeinsam mit General Motors unterhalten die Turiner zwei umfassende Joint-Ventures. Beide Parteien sind zu jeweils 50% beteiligt und nutzen die daraus entstehenden Vorteile für die Produkte der meisten ihrer Marken.

Unter dem Namen GM-Fiat Purchase firmiert der in Rüsselsheim angesiedelte Teil, der Synergieeffekte auf der Einkaufsseite generiert. Der andere Zweig läuft unter der Bezeichnung Fiat-GM Powertrain und kümmert sich um die Entwicklung und Fertigung von Motoren, Getrieben und antriebsrelevanten Bauteilen. Insgesamt beschäftigt Fiat-GM Powertrain in den weltweit in neun Ländern stationierten sieben Entwicklungszentren und 17 Werken fast 24.000 Menschen. Neben der Arbeit an zukünftigen Motor- und Getriebegenerationen werden bereits heute jeweils rund fünf Millionen Antriebseinheiten jährlich produziert. Der Jahresumsatz beträgt rund sieben Milliarden Euro. Alfa Romeo spielt mit gut 200.000 produzierten Fahrzeugen dabei nur eine marginale Rolle, profitiert allerdings durchaus davon und kann wegen des in langjähriger Arbeit erworbenen Wissensvorsprungs trotzdem eigenständige Fahrzeugelemente erhalten.

Sitz dieser Gesellschaft ist Turin. Eines der Entwicklungszentren ist in Göteborg angesiedelt. Dieses wird ebenfalls von aus der Turiner Entwicklung stammenden Ingenieuren geleitet und ist mit der Konzipierung von architektonischen Grundelementen für kommende Fahrzeuggenerationen beschäftigt. Dabei ist eine spätere Verwendung dieser gemeinsamen Baukastenelemente für die einzelnen Marken unter den Dächern der beiden Konzerne nicht bindend. Allerdings schaffen diese gemeinsamen Arbeiten den notwendigen Freiraum, auch zukünftig eigenständige und einzigartige Alfa Romeo zu konkurrenzfähigen Preisen in die Hände begeisterter Alfisti geben zu können.

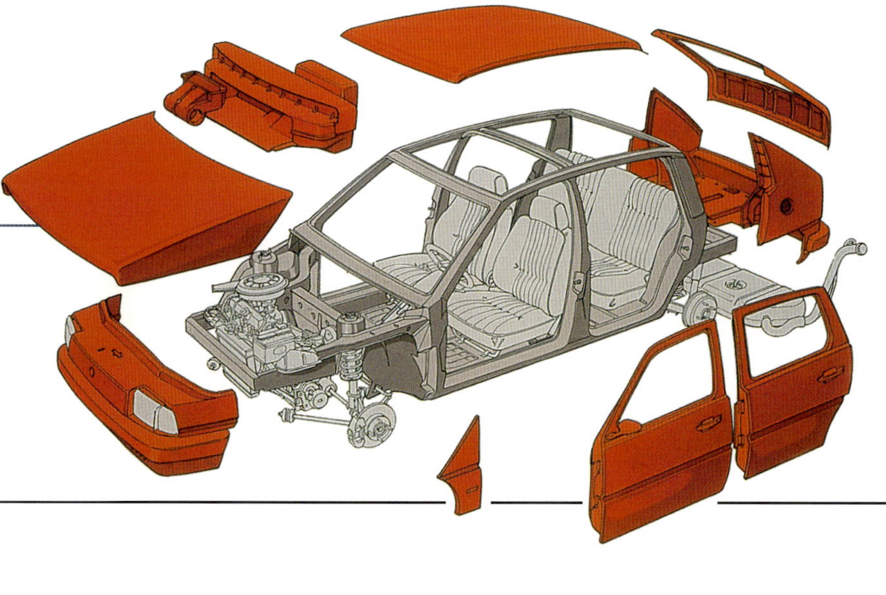

Die VSS-Studie wird zum Wegweiser für systematisches Design. Kein Fahrzeug war optimierter.

Die bunte Revolution

Die Farbe des Automobils

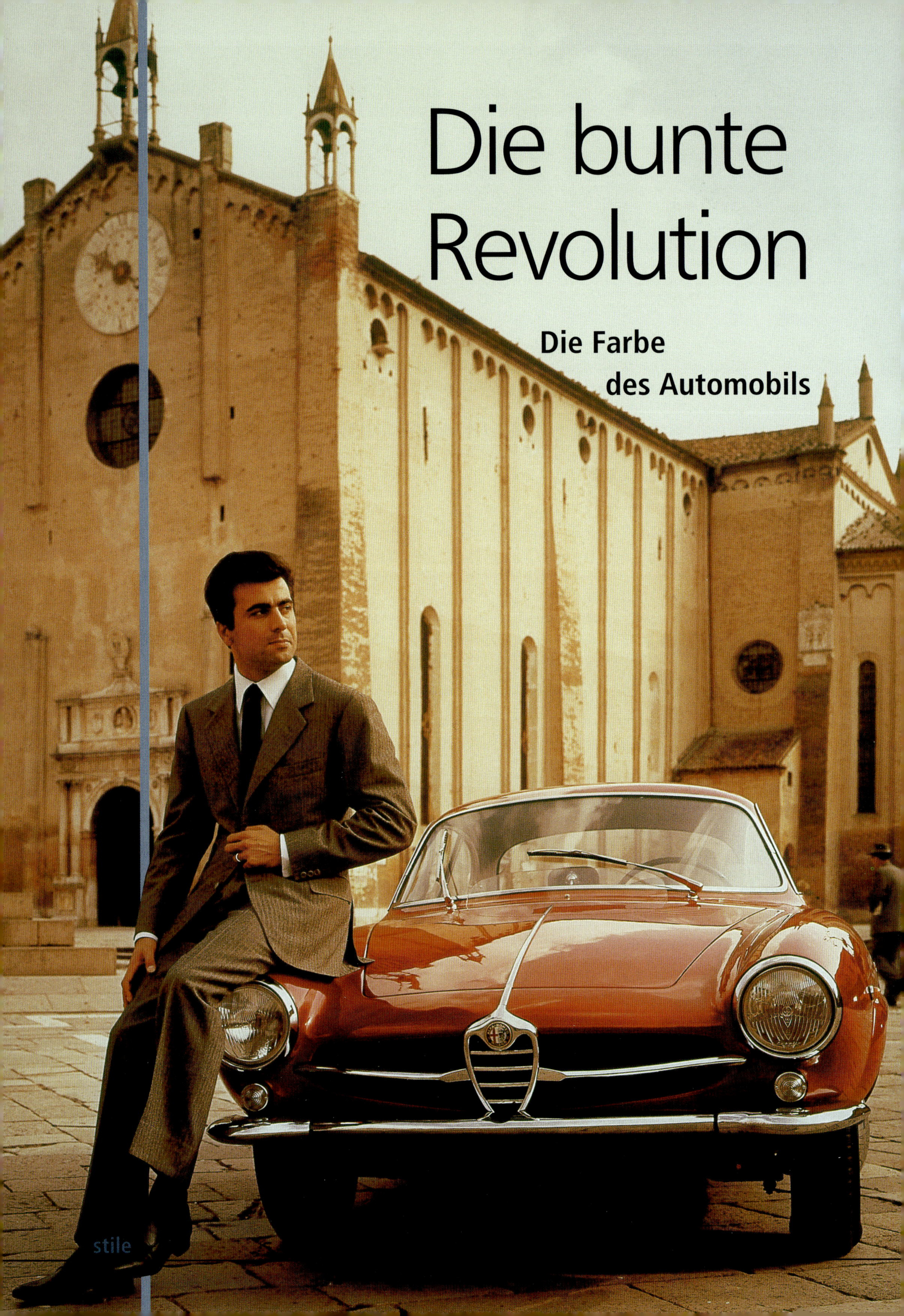

stile

Die ersten Automobile sind entweder schwarz oder grau. Aber dann beginnt der weibliche Geschmack die Konstrukteure zu beeinflussen. Und Alfa Romeo kommt eine glänzende Idee: Die Mailänder Avantgardemarke beauftragt eine Meisterin der Haute Couture mit der Farbgestaltung.

Seinen ersten Kunden pflegte Henry Ford II, seines Zeichens Vorsitzender der gleichnamigen Automobilmarke, zu sagen: „Wir liefern unsere Autos in jeder Farbe. Voraus gesetzt, diese Farbe ist schwarz." Über lange Zeit hinweg galt dieser Ausspruch des Mannes, der die Serienfertigung von Kraftfahrzeugen vorantrieb und Detroit zu einer Metropole des Automobilbaus machen sollte, als eines der grundlegenden Dogmen der Branche. Die Beschränkung auf eine Farbe vereinfachte nicht nur die serielle Fertigung, sondern Ford war auch der Überzeugung, dass neben schwarz allenfalls noch dunkelgrau für Automobile statthaft wäre. Töne also, die an die Farben der großen Familienkutschen erinnerten.

In den „Goldenen Zwanzigern" beginnt sich dann der Geschmack der – noch wenigen – Autofahrer zu verändern. Das ist auch Verdienst des weiblichen Geschlechts, das zwischen 1920 und 1925 eine „Revolution der Farbe" auslöst, auch wenn es sich dabei nicht selten um extravagante Launen extrem wohlhabender Damen handelt, die sich ihr Fahrzeug passend zu Garderobe oder Schmuck gestalten lassen. Darüber ist viel geschrieben worden: So wurden beispielsweise Lady Mendls amaranthfarbener Rolls-Royce (mit dem Chauffeur in der gleichfarbigen Livree) und der rote Alfa der Baronesse Maria Antonietta Avanzo Bellan zu Legenden. Die italienische Adelsfrau nimmt mit ihrem Alfa Romeo 1922 an der 13. „Targa Florio" teil – in einem roten Kostüm, mit rotem Hut und einem langen flatternden Schal – auch in rot, versteht sich.

Der Triumph der Farbe fällt mit dem goldenen Zeitalter der Karossiers und den individuell gestalteten Karosserien zusammen. In den frühen Nachkriegsjahren, als die bunten Blechkleider auf den Straßen sprießen, wagen sich die Hersteller nach und nach mutig an das zweifarbige Auto. Ein Beispiel dafür ist der 1957 von der Carrozzeria Boano vorgestellte Alfa Romeo 1900 Berlina, der mit ungewöhnlichen Farbkombinationen aufwartet. Bei der edlen Limousine ist das Dach farblich vom Rest des Wagens abgesetzt. Der Entwurf trifft den Geschmack eines modisch interessierten Publikums und damit ist der Alfa Romeo 1900 Super prädestiniert für einen eleganten und verwöhnten Kundenkreis.

In der gleichen Zeit beginnt sich auch die Perlglanzlackierung durchzusetzen. Dabei handelt es sich um einen neuen Lackaufbau, bei dem dem Lack zum Erzielen des speziellen Effekts gemahlene Fischschuppen beimengt werden. Später wird dann Aluminiumpulver (Aluminiumlack) verwendet, bevor die heute noch bekannte Metalliclackierung erfunden ist, die sich mittlerweile in großen Stückzahlen einfach lackieren und, was noch wichtiger ist, auch problemlos ausbessern lässt.

Rot ist seit jeher die klassische Farbe von Alfa Romeo. Es ist die Nationalfarbe für italienische Rennwagen.

Meistens obliegt die Farbwahl den Damen – Männer achten auf Hubraum

Doch bis die modernen Metalliclacke Furore machen, entwickeln die Kraftfahrer erst einmal wieder einen sachlicheren Geschmack. Auf den Messen und kurze Zeit später auch den Straßen und Parkplätzen dominieren die unauffälligen Farbtöne. Die Farben fallen nicht auf, doch sie berücksichtigen den Einfluss der Damen: Die Hersteller sind sich vollends im Klaren darüber, dass die Kaufentscheidung nicht allein vom Ehemann ausgeht. Eine Anfang der 60er-Jahre gemachte Umfrage ergibt, dass acht von zehn Männern vor der Vertragsunterzeichnung beim Händler ihre Frauen die endgültige Entscheidung im Showroom fällen lassen. Dabei fußt die mehrheitliche Meinung der Frauen auf ästhetischen statt technischen Überlegungen. Während sich der Focus des männlichen Geschlechts auf die Vorteile von Hubraum, Leistung oder Straßenlage beschränkt, besagt die Erhebung, dass die Männer sich

Das Alfarot ist stets etwas dunkler, als die Farbe der Sportler aus Maranello.

dann doch nicht selten weiblichen Enzückungsrufen à la „was für ein reizendes Verdeck" oder „dieses wunderschöne Himmelblau, das so wunderbar zu meiner Garderobe passt" geschlagen geben müssen.

Diese Erkenntnisse werden selbstverständlich sofort von den Marketingexperten – die damals noch gar nicht Marketingexperten genannt werden – aufgenommen und für die Werbung umgesetzt. Sicher tauchen schon seit Jahrzehnten immer wieder Menschen im Fahrzeugumfeld auf, die „die Welt, in der das Auto und seine Kunden zu Hause sind" darstellen. Doch ab den 60er-Jahren steckt Methode hinter dieser Art von Werbung, die nicht mehr nur die Aufmerksamkeit der männlichen Käufer erregen will. Die Werber stellen sich auf für die Kaufentscheidung der Frauen wichtige Aspekte ein, die sich mit den schlanken, neben feurigen Spidern oder am Steuer eleganter Limousinen posierenden Models identifizieren sollen.

Helle, am besten perlmuttfarbene Töne sind bei den Käufern in den Sechzigern erste Wahl. Dahinter steckt die Überzeugung, dass die hellen Farben nicht so schnell schmutzig wirken. Der große Erfolg der Farbe Weiß besteht darin, dass auf den in hellen Tönen lackierten Alfa Romeo der Straßenstaub lange unsichtbar bleibt. Binnen kurzer Zeit ist der einstige Hinderungsgrund Makulatur: In Norditalien beispielsweise wurde ein größeres Unfallrisiko befürchtet, weil weiße Autos gerade bei Nebel schlechter auszumachen sind. In der zweiten Hälfte der sechziger Jahre wird Weiß zu der „klassischen" Farbe schlechthin; die Skala reicht von Elfenbein über sandige oder pastellfarbene Töne bis zu hellem Grau.

Analog zu Modezyklen in der Bekleidungsbranche tendieren die Vorlieben der Kunden allmählich wieder zu traditionellen Farben, wie beispielsweise grau in allen Abstufungen, schwarz oder dunkelblau. Es hat den Anschein, als ob sich alles in dieser Einteilung erschöpft. Bis bei Alfa Romeo der Moment kommt, etwas zu unternehmen: Die Mailänder bitten die Modeschöpferin Jole Veneziano, die sich damals vor allem dank ihres untrüglichen Geschmacks und der umfassenden Bandbreite ihrer Kollektion einen Namen machte.

Bevor Jole Veneziano bei der Haute Couture landet, arbeitete die renommierte Modeschöpferin als Journalistin, Schauspielerin und Pelzhändlerin. Überzeugt von der Tatsache, dass Mode kein von anderen Fortschrittsfaktoren losgelöstes Phänomen ist, leistet sie in ihrer Zusammenarbeit mit Alfa Romeo großartige Arbeit – nicht nur wegen der Farbauswahl für die verschiedenen Modelle, sondern auch wegen der Gestaltung der Stoffe und Bezüge.

Die zahlreichen von Veneziano geschaffenen Farben tragen faszinierende Namen wie Verde Bosco (waldgrün), Aurora (Morgenröte), Giallo Paglierino (strohgelb), Aqua di Fonte (quellblau), Binacospino (Weißdorn), Blu Elvezia (Schweizerblau), Sabbia del Sahara (Saharasand). Unter diesen neuen Farben befindet sich auch das vielfach georderte Rosso Corallo, deutsch „korallenrot". Es wird später übrigens in „Pomodoro" (tomatenrot) umbenannt. Das ist damals eine Revolution, schließlich machen die bunten Farben die Alfa Romeo im hellen Einerlei der Masse noch auffälliger. Selbstverständlich wird die Innenausstattung auf die neuen Farben harmonisch abgestimmt: Neue, ungewöhnliche Stoffe im Fischgratmuster, Brokat oder dem berühmten Hahnentritt (wie dem beispielsweise schwarz oder weiß abgesetzten in der Giulietta) bilden einen avantgardistischen Kontrast zur Außenfarbe. Hergestellt werden die Stoffe auf den Webstühlen der Firma Lanerossi. Sie sind weich und dennoch wider-

Ende der 60er macht Alfa Romeo Signaltöne salonfähig. Sie werden zur Modeerscheinung der 70er-Jahre.

standsfähig und entsprechen sowohl dem Geschmack als auch Qualitätsanspruch. So haben sie strengen Abnahmeprüfungen standzuhalten. Dazu gehören eine Reihe von Laboranalysen bezüglich Reißfestigkeit, Licht- und Farbechtheit, Reib- und Schweißbeständigkeit und Reinigungsmöglichkeit. Die Textilingenieure suchen das „Wohnzimmer im Automobil".

Zur Präsentation dieser neuen Autofamilie veranstaltet Alfa Romeo eine Parade. Sie startet in der Mailänder Via Montenapoleone: Fünfzehn Autos in den neuen Farben, an Bord bezaubernde Mannequins mit den Kleidern aus der Kollektion von Jole Veneziano. Das Publikum ist überwältigt von einem grünen, innen mit Lamé ausgeschlagenen 2000 Sprint. Das von Giorgetto Giugiaro entworfene Coupé in dieser Aufmachung demonstriert die von der Designerin beabsichtigte Extravaganz. Das Auto ist deutlich mehr als ein einfaches Transportmittel. Es verkörpert Design, Farbe und farbliche Harmonie. Und vor allem Stil. Und es ist ein großer Erfolg – binnen kurzer Zeit müssen sich auch die anderen Hersteller umstellen und ihre Farbtöpfe neu mischen, um den neuen Wünschen des Markts gerecht zu werden. Schließlich ist er durch das Experiment von Alfa Romeo anspruchsvoller geworden.

Mit der Giulietta t.i. wird erstmals ein rauchgraues Serienauto auf dem Markt eingeführt, das sofort die Gunst des Publikums erobert. Die damals noch eigenständige Marke Lancia übernimmt den Ton spontan für ihre Modelle Appia und Flaminia. Diese Farbe erweist sich als gelungener Kompromiss, schließlich ist sie eleganten Fahrzeugen angemessen, aber dennoch hell genug, um als sportlich zu gelten, und darüber hinaus auch noch praktisch, da sie lange sauber wirkt. Und doch wird Grau nicht wieder dominieren. Als 1963 die Giulia erscheint und die Giulietta am Ende ihres Produktionszyklus steht, organisiert Alfa Romeo im Mailänder Palace Hotel einen Wettbewerb unter dem Motto „Neue Farben für die Giulietta". Die Veranstaltung ist hochkarätig besetzt: Neben Jole Veneziano verkörpern die Schwestern Fontana und Germana Marucelli das Nonplusultra an Eleganz und Raffinesse der damaligen Zeit.

In der Rolle der Beifahrerinnen richtet sich das Hauptaugenmerk sicherlich auf den Komfort. Am Steuer hingegen sind den Fahrerinnen Sicherheit und Wendigkeit wichtig. Doch dabei mögen die Alfa Romeo Kundinnen damals wie heute nicht auf „Klasse", beziehungsweise auf eine raffinierte und vollständige Ausstattung verzichten. Immer wieder nett zu lesen sind die mittlerweile zeitgenössischen Artikel in Frauenzeitschriften damaliger Jahrgänge, die sich Themen widmen wie: „Was trage ich im Auto" oder „Wie kann ich die peinliche Situation vermeiden, dass die Farbe des Autos nicht zu der meiner Kleidung passt".

Natürlich ist es einfacher, seine Garderobe passend zum Auto zu wählen, als sich ein zur Garderobe konvenierendes Auto zuzulegen. So wird die sportliche Mode geboren, die praktische und elegante Aspekte miteinander verbindet. Bei Alfa Romeo entstehen eine Reihe von Fotos, auf denen die Modelle der Modeschöpfer präsentiert werden. Die damaligen Fotografen akzentuieren dabei die verschiedenen Karosserien und betonen zugleich den Faktor, zu dem sich die Farbe als vervollständigendes Element des Automobils entwickelte.

Die Jahre vergehen, doch sowohl Mode als auch Automobilbau bedienen sich fortwährend immer wiederkehrender Farben. Hinter den Farbtrends steht stets der Wunsch der Kunden: Die Verbraucher verlangen Farben, die das Auto im Alltag schützen und mehr als zehn Jahre (die durchschnittliche Lebensdauer eines Autos) aktuell bleiben. Und die heutige moderne Technik bei der Produktion von Lacken und bei Lackiervorgängen geben den Kunden die Möglichkeit, ihre Vorlieben auszudrücken, ohne die Lebensdauer des Produkts zu beeinträchtigen. Hochqualitative Pigmente, riesige Fortschritte bei Metalliceffekten und Transparentlacken machen den Vergleich mit den Lacken von vor 20 oder gar 40 Jahren müßig.

Ein Blick auf die Käufergunst aus der jüngeren Vergangenheit zeigt die eindeutige Vorliebe zum silbernen Metalliclack, das längst das mittlerweile fast völlig vom europäischen Markt verschwundene Weiß überrundet hat. Als Kontrast dazu steht das ebenfalls hoch in der Käufergunst rangierende Schwarz. Und verschiedene Blautöne graben Grün den Beliebtheitsrang ab. Während Rot noch vor Jahren eine auf dem gesamten Markt überaus beliebte Farbe darstellte, ist sie heute nahezu ausschließlich traditionsbewussten Alfisti und Ferraristi vorbehalten.

Was Zukunftstrends betrifft, so ergibt die Umfrage, dass der starke Individualismus der Verbraucher sich in der Wahl von gelben Farbtönen für sportliche Kleinwagen ausdrücken wird. Aber auch die Nachfrage nach Farben wie Blau und Rot und den neutralen Farben, vor allem in der Palette von Weiß bis Silber mit Perlglanztönen, gerade bei den Luxuskarossen, wird steigen. Um diesen Überblick abzurunden, können wir beobachten, dass die Metallicfarben gegenüber den Pastelltönen auf dem Vormarsch sind. Diese ganze Entwicklung hat nicht nur stattgefunden, um unseren persönlichen Vorlieben gerecht zu werden, sondern hauptsächlich, um eine umweltfreundlichere und besser schützende Originallackierung zu gewährleisten.

Analog zu diesen Trends nimmt „Grigio Sterling" die Favoritenstellung in der Farbskala des Alfa 156 ein. Dennoch spielen Farben in den Reihen der vorzugsweise selbstbewußten Alfisti immer noch eine wichtige Rolle und so gehören das dunklere „Grigio Africa" und das stahlblaue „Azzurro Gabbiano" ebenfalls zu den häufig georderten Lackierungen. Mit dem irisierenden Farbton „Azzurro Nuvola" schlagen die Stilisten eine Brücke zwischen dem traditionellen hellblauen Alfa-Pastellton „Celeste" und modernster Lacktechnik. Für die GTA-Modelle sind diese raffinierten und effektvollen Lackierungen mittlerweile um den von Orange ins Rot changierenden Farbton „Rosso Nuvola" und das perlmuttweiße „Bianco Nuvola" ergänzt worden.

Farben umgeben uns alle und begleiten uns durch das ganze Leben, beeinflussen unsere Entscheidungen, unseren persönlichen Geschmack und bisweilen auch unsere Stimmung. Psychologen behaupten, aus der Wahl einer Farbe könne auf den Charakter geschlossen werden: Schwarz sei für Menschen mit einem Geschmack, der auf sicheren, unveränderlichen Grundsätzen beruht, Blau für sentimentale, Gelb für lebendige Menschen, Weiß für Gewohnheitsmenschen, und so weiter. Aber eine Farbe gibt es bei Alfa Romeo, die ein Klassiker ist und auf die man nie verzichten wird: Rot. Ein Rot, das ebenso berühmt ist wie das Rot von Valentino.

TEXT: ELVIRA RUOCCO
Übersetzung aus der italienischen Zeitschrift „Quadrifoglio"

Nach der Vorherrschaft von dunklen und grauen Metallic-Tönen feiert Weiß – nun als Nuvola-Version – sein Comeback.

Fit wie ein Profi

Christian Danner über die Scuola Sportiva

Zwei Dinge kann ich
an einem Rennauto überhaupt
nicht leiden: Unter- und Übersteuern.
Sowohl das Schieben über die Vorderräder
in Richtung Kurvenaußenrand (Untersteuern) als auch
das Ausbrechen des Hecks (Übersteuern) ist auf der
Jagd nach einer schnellen Rundenzeit hinderlich.
Doch, zugegebener Maßen, ist beides für einen
Rennfahrer schlimmstenfalls ärgerlich …

Mit dem Skid-Car lassen sich die verschiedenen Fahrzustände spontan simulieren.

Richtig gefährlich sind die Phänomene dagegen im normalen Straßenverkehr – eine schwerer Unfall kann die Folge sein.

Um genau dies zu verhindern, sind die heutigen Autos mit elektronischen Hilfen ausgestattet. Eine Traktionskontrolle oder ein Antischleuder-Programm wie die Vehicle Dynamic Control (VDC) von Alfa Romeo sind äußerst wirksame Gegenmittel. So wirksam, dass ein modernes Fahrzeug selbst mutwillig für Trainingszwecke kaum ins Schleudern zu bringen ist.

In der Scuola Sportiva, der Sportfahrschule von Alfa Romeo, verwenden wir deshalb für derartige Übungen ein so genanntes Skid-Car. Dabei handelt es sich um einen eigentlich ganz normalen Alfa 166 2.4 JTD, der allerdings auf einem speziellen Stahlrahmen ruht. Diese Konstruktion wird mit wenigen Handgriffen an den Querlenkern verschraubt und verleiht dem Auto ein vollkommen neues Fahrverhalten.

Mit vier Hydraulikstempeln kann jedes Rad einzeln in zehn Stufen entlastet werden. Hebt man zum Beispiel den Vorderwagen ganz leicht an, können die Reifen, obwohl sie noch Fahrbahnkontakt haben, nur noch ganz geringe Lenkkräfte aufbauen. Die Folge ist ein starkes Untersteuern. Macht man das selbe mit der Hinterachse, nehmen die Seitenführungskräfte an den Hinterreifen ab und in der nächsten Kurve bricht das Heck aus.

Die Kontrolle hat der auf dem Beifahrersitz mitfahrende Instruktor. Mittels eines Steuergeräts kann er das Fahrverhalten von Kurve zu Kurve verändern. Der Fahrer weiß also nie, was auf ihn zukommt. Mit einem Notfall-Knopf kann der Instruktor die Hydrauliksteuerung schlagartig ausschalten, um beispielsweise eine Vollbremsung zu ermöglichen. Das Skid-Car ist also eine perfekte und sichere Sache, um die Reflexe zu schärfen und das richtige Verhalten bei über- oder untersteuerndem Fahrzeug zu schulen. Und so ganz nebenbei machen diese Übungen, die in allen Kursen der Scuola Sportiva eingesetzt werden, auch noch Spaß.

Und die Freude am sportlichen Fahren steht in der Scuola Sportiva definitiv im Mittelpunkt. Das wird schon bei der Zusammenstellung der Fahrzeugflotte deutlich: Flaggschiffe der Sportfahrschule sind mehrere Alfa 156 GTA. Zusammen mit einer Anzahl von Alfa 156 2.0 JTS und Alfa 147 2.0 Twin Spark verfügt Deutschlands schnellstes Klassenzimmer über genau die richtigen Lehrmittel für den Unterricht im Grenzbereich.

Denn das ist der Hauptunterschied der Scuola Sportiva zum herkömmlichen Fahrsicherheitstraining: Alle Übungen werden mit relativ hohen Geschwindigkeiten absolviert, je nach Lehrgang mit 80 bis mehr als 120 km/h. Die Lehrgänge führen wir deshalb ausschließlich auf Renn- oder Teststrecken durch. Dort, wo geräumige Auslaufzonen eine hohe Sicherheitsreserve bieten. Die Schulungsfahrzeuge sind außerdem mit speziellem Sicherheitszubehör wie Überrollkäfig, Sportsitzen, Sechspunkt-Gurten und Feuerlöschern ausgerüstet.

Besonders stolz bin ich auf die Instruktoren der Scuola Sportiva. Fast alle betreiben aktiv Motorsport, sind absolute Könner am Lenkrad und haben ein tiefes Verständnis für fahrphysikalische Zusammenhänge. Es macht mir Spaß, mit ihnen zusammen immer wieder neue Trainingsformen zu erfinden oder bestehende Übungen zu verbessern.

Um unterschiedlichen persönlichen Vorkenntnissen gerecht zu werden, ist das Ausbildungssystem der Scuola Sportiva in Stufen unterteilt. Im eintägigen Basis-Kurs steht das allmähliche Herantasten an den Grenzbereich im Mittelpunkt. Zum Lehrplan gehören Lenk- und Ausweichübungen, mit kontrollierten Bremsübungen – mit und ohne ABS – werden realistische Gefahrensituationen des Alltags nachgestellt. Daneben erhalten die Teilnehmer auch erste theoretische Kenntnisse der Fahrphysik. Der Kurs „Basic Sportivo“ enthält also viele Elemente des klassischen Fahrsicherheitstrainings. Die Geschwindigkeit liegt bei etwa 80 km/h, für einige Übungen wird die Piste künstlich bewässert.

Deutlich anspruchsvoller ist das Unterrichtsprogramm im Weiterführungskurs. Der „Corso Sportivo“ wendet sich an Teilnehmer mit Fortgeschrittenen-Kenntnissen, die Übungen haben mehr Bezug zum Motorsport. Unterrichtsschwerpunkt ist das Beherrschen eines Fahrzeugs im Grenzbereich. Auf der Slalomstrecke geht's um Grundkenntnisse zum Thema Fahrverhalten und Fahrphysik. Das Tempo ist schneller (ca. 120 km/h).

In der Scuola Sportiva vermitteln erfahrene – im wahrsten Sinne des Wortes – Instruktoren ihr profundes Fachwissen auf gleichermaßen anschauliche wie motivierende Art und Weise.

An der Spitze der Scuola Sportiva stehen Lizenz-Lehrgänge, die für den im Motorsport vorgeschriebenen „Renn-Führerschein“ anerkannt werden. Im praktischen Teil geht es um das Finden der Ideallinie, richtiges Bremsen auf der Piste und Fahrzeugbeherrschung im Renntempo. Der theoretische Unterricht vermittelt Grundkenntnisse im Sportrecht und geht ausführlich auf die im Motorsport verwendeten Flaggensignale ein.

Mit dem mehrstufigen Kurssystem hat sich die Scuola eine führende Position in diesem Bereich erarbeitet. Mehr als 5000 Teilnehmer haben Dinge gelernt, mit denen sie sich im Alltag auf professionellem Niveau fortbewegen und aktiv zu mehr Sicherheit auf den Straßen beitragen können. Einige haben dabei so viel Spaß am Ausflug in den Grenzbereich gefunden, dass sie nach Abschluss des Lizenz-Lehrgangs in den „richtigen“ Rennsport eingestiegen sind: Sie gehen jetzt im Alfa 147 Cup an den Start.

French Connection

Alfa Romeo in Le Mans

Das 24-Stunden-Rennen von Le Mans gehört zu den großen Klassikern des Automobilsports. Seit 1923 bietet der Kurs südlich des westfranzösischen Städtchens Le Mans eine passende Bühne für die eindrucksvolle Bewährungsprobe von Mensch und Maschine.

Ein Alfa Romeo Tipo 33/3 überholt den Kamerawagen für den 1970 gedrehten Kinostreifen „Le Mans".

Zweimal um die Uhr dauert die schnelle Hatz. Und ein Sieg gleicht einem Ritterschlag für Fahrer und Hersteller.

Alfa Romeo gelingt es nicht weniger als viermal, das legendäre Langstreckenrennen zu gewinnen, das in einem Atemzug mit der Mille Miglia, Targa Florio, den 500 Meilen von Indianapolis sowie dem Großen Preis von Monaco genannt wird.

Die frühen Jahren des Rennens sind eine nahezu rein französische Angelegenheit. Alfa Romeo taucht derweil unter anderem in den Nenn- und Siegerlisten der Mille Miglia und Targa Florio auf, an der Sarthe sind die Mailänder abwesend. 1931 endet dann die Anfangszeit der mittlerweile 70 mal ausgetragenen „alten Dame des Motorsports“: Aus dem Rudge-Whitworth-Cup wird das Rennen des ACO, des Automobile Club de l'Ouest. Und das sind die 24 Stunden von Le Mans noch heute.

Und 1931 erscheint Alfa Romeo auf der Bildfläche. Am Start stehen zwei 8C 2300. Dank Kompressor-Aufladung leisten die von Vittorio Jano konstruierten Boliden 155 PS und sind damit auf der langen Hunaudières-Geraden bis zu 200 km/h schnell. Technisch stimmen sie mit den gleichnamigen Grand-Prix-Rennern überein. Für den Langstrecken-Klassiker verfügen die – zwischen 1931 und '34 insgesamt neun – bei Zagato, Touring und Brianza karossierten Renner jedoch über einen längeren Radstand (3,1 statt 2,65 m), der Platz für die vom Reglement vorgeschriebenen vier Sitzplätze bietet. Das Debüt endet mit einem Paukenschlag: Die ehemaligen Bentley-Piloten Lord Howe und Birkin bescheren Alfa Romeo einen Premierensieg und beginnen damit die zuvor erfolgreichen Bentley und Bugatti vom Sockel zu stoßen.

1932 gelingt den Alfa Romeo Piloten gar ein Doppelsieg. Der siegreiche, nun 165 PS starke 8C 2300 wird von Raymond Sommer und Luigi Chinetti pilotiert. Chinetti arbeitet seit Ende seiner Zeit bei der italienischen Luftwaffe für Alfa Romeo und bestreitet seit drei Jahren Rennen. Sein Sieg 1932 ist für ihn der erste von drei Le-Mans-Siegen. Der 2,3-Liter-Alfa ist den Kompressor-geladenen 4,5-Liter-Blower-Bentleys überlegen und auch der Mercedes mit 7,1 Liter Hubraum sowie der aufgeladene Bugatti 55 erweisen sich letztendlich nicht als Konkurrenz. Konkurrenz machen sich indes vier der insgesamt sieben am Start befindlichen Alfa Romeo. Zeitweilig belegen sie sogar die Plätze eins bis vier. Cortese/Guidotti führen vor Howe/Birkin und Chinetti/Sommer. Dann übernehmen die Engländer die Spitze, doch gegen Mitternacht fällt das Fahrzeug der

Für den Marathon an der Sarthe entstehen viersitzige Renner auf Basis des legendären 8C 2300. Und auch hier dominiert der Bolide – wie auch im Grand-Prix-Zirkus, bei der „Mille“ und „Targa“ und anderen Rennen.

... KEIN SPAZIERGANG

Vorjahressieger wegen eines notwendigen Wechsels der Windschutzscheibe zurück. Aber auch die italienischen Autos haben zu kämpfen. Während thermische Probleme Cortese/Guidotti zwischendurch einbremsen, kämpft Sommer nicht nur mit Bremsproblemen, sondern auch gegen sich selbst: Luigi Chinetti erkrankt bereits nach seinem ersten „Stint“. Zwangsläufig überlässt er Sommer den Wagen für den Rest des Rennens. Während Sommer mehr als 20 Stunden hinter dem Lenkrad verbringt, trägt der spätere Wahl-Amerikaner und Ferrari-US-Importeur kaum zu seinem ersten Sieg bei.

Auf dem vierten Platz erreichen Odette Siko und „Sabipa“ das Ziel und gewinnen mit ihrem 6C 1750 die Klasse von 1,5 bis 2,0 Liter Hubraum. Mademoiselle Siko schreibt damit bis heute Geschichte, schließlich ist es das bislang beste Ergebnis, das eine Rennfahrerin bei diesem Kräfte zehrenden Marathon erzielt. Im darauf folgenden Jahr geht sie erneut an den Start.

Wieder steuert sie ihren kompressorgeladenen Sechszylinder, als sie in der 120sten Runde in Arnage die Kontrolle über den Wagen verliert. Es ereignet sich ein schlimmer Unfall. Der Wagen beschädigt mehrere Bäume. Doch Odette Siko hat großes Glück und kommt mit einem gebrochenen Handgelenk und kleineren Verbrennungen davon. Aber es soll ihr letzter Start bei einem Autorennen bleiben.

Als Odette Siko ausfällt, sind noch achtzehn Fahrzeuge im Rennen. Darunter fünf Alfa Romeo. Und als am Sonntag, dem 18. Juni 1933, die Zielflagge fällt, belegen die Piloten der Mailänder Renner die ersten drei Ränge. Da die Rennabteilung des nach Finanzproblemen seit 1931 staatlich kontrollierten Unternehmens in Portello allerdings gerade aufgelöst worden ist – und Enzo Ferrari, Rennleiter des Alfa Romeo Teams Scuderia Ferrari noch nicht den Stellenwert des mittlerweile legendären Rennens erkannt hat –, laufen die italienischen Boliden unter privater Bewerbung. Doch diesmal teilt sich Ferraris Lieblingspilot, Tazio Nuvolari, den Wagen mit Vorjahressieger Raymond Sommer.

Und Tazio Nuvolari hat einen großen Auftritt getreu dem Motto: veni, vidi, vici – er kam, sah und siegte. Ein einfacher Sieg ist es indes nicht, denn auch dieses Mal ist es wieder ein spannendes Wochenende. Der Alfa Romeo von Nuvolari/Sommer kämpft mit den Alfas von Chinetti/Varent, Lewis/Rose-Richards, Chiron/Cortese und Moll/Cloitre sowie den großen Bugatti, Bentley und angejahrten Lorraine um den Sieg. Das Rennen beginnt im Grand-Prix-Tempo. Und die Rundenzeiten werden auch nach Stunden kaum langsamer. Der „fliegende Mantuaner“ führt mit seinem 170-PS-Renner, bis er am Sonntagmorgen von einem abgerissenen Kotflügel und beschädigten Kraftstofftank gebremst wird. 18 Minuten gehen verloren. Um 8:00 Uhr übergibt Raymond Sommer den Wagen wiederum an den ausgeruhten Mann aus Mantua. Noch liegen sie 3'35" hinter Chiron/Cortese. Doch gegen 9:00 Uhr

Tazio Nuvolari reiht sich in die Riege der in Le Mans erfolgreichen Alfa-Piloten ein – bei seiner Premiere.

kämpft sich Nuvolari erneut an die Spitze des Feldes und übergibt den Wagen eine Stunde später bereits mit einem Vorsprung von fast einer Runde! Sommer ist kurz davor, Cortese zu überrunden, als er sich in der Esses-Passage von der Strecke dreht. So muss der Wagen mit der Startnummer elf – sie entspricht damals noch dem tatsächlichen Startplatz – erneut die Box ansteuern. Auch das Tanken (aus Milchkannen) gehört zu den Aufgaben der Fahrer, die keinerlei Hilfe von Außenstehenden annehmen dürfen. Der Wagen von Nuvolari/Sommer geht immer noch in Führung liegend ins Rennen, doch mittlerweile kämpft Nuvolari mit stumpfen Waffen: Der Tank ist notdürftig mit Kaugummi gestopft, die Bremsen leiden unter Fadingerscheinungen und der Kühler ist beschädigt. Als die letzte Runde beginnt liegt Chinetti in Front. Und die Kontrahenten kämpfen auf Messers Schneide. Mehrfach wechselt die Spitze. Erst als sich Chinetti in der Arnage-Kurve verschaltet und kurz von der Strecke abkommt, ist das Rennen entschieden: Nuvolari kann erneut an Chinetti vorbeiziehen. Chinetti versucht Nuvolari kurz vor dem Zeil erneut zu überholen, als sie – knapp hintereinander her rasend – auf ein langsameres Fahrzeug auflaufen. Chinetti muss zurück stecken und Nuvolari behält die Führung. Im Ziel trennen die beiden Kontrahenten gerade einmal zehn Sekunden, ganze 401 Meter. Damit steht das Rennen noch heute in den Annalen; einzig 1969 fiel die Entscheidung zwischen dem letztendlich siegreichen Ford vor dem Porsche von Hans Hermann mit 120 Metern noch knapper aus.

Und es gibt weitere Gründe, weshalb das Rennen seinen festen Platz in der Statistik einnimmt: Erstmals fällt die 3000-km-Marke. Alle drei auf dem Podium platzierten Alfa Romeo fahren weiter. Tazio Nuvolari und der nun zum Zweiten Mal hintereinander erfolgreiche Raymond Sommer legen sogar 3144 Kilometer im Renntempo zurück. Das entspricht einer damals atemberaubenden Durchschnittsgeschwindigkeit von 131 km/h. Diese Marke wird erst 1937 fallen. Die bis heute gültige Rekorddistanz von über 5335 km stammt übrigens aus dem Jahr 1971. In dieser Zeit pfeilen die hubraumstarken Sportwagen-Prototypen mit bis zu 388 km/h über die damals noch 5,4 km lange Hunaudières-Gerade.

Für Ferdinand Porsche war Tazio Nuvolari „der beste Fahrer von gestern, heute und morgen". Und mit dieser Meinung steht der Mann, dessen Sportwagen öfter in Le Mans starten und gewinnen sollten als die aller anderen Marken, nicht allein. Für den „Figlio di Diavolo", den „Teufelssohn", wie ihn seine Konkurrenten ehrfürchtig nennen, ist der Sieg bei seinem einzigen Start in Le Mans ein weiterer, der die Sammlung der Erfolge bei der Mille Miglia, Targa Florio, Tourist Trophy und diversen Großen Preisen vervollständigt.

1934 versucht Raymond Sommer mit dem inzwischen auf 180 PS erstarkten und 215 km/h schnellen 8C 2300 den Hattrick. Sommer geht am Start sofort in Führung und kann seinen Verfolgern Rose-Richards und Chinetti gut zehn Sekunden pro Runde abnehmen. Aber der Alfa Romeo mit der Startnummer sieben fängt bereits nach 14 Runden an diesem extrem heißen Juni-Tag wegen Motorüberhitzung Feuer und wird zum ersten Opfer der Materialschlacht. Aber auch die anderen Piloten sind nicht in der Lage, den Distanzrekord von Nuvolari/Sommer zu egalisieren. Diesmal haben die später als Sieger abgewinkten Luigi Chinetti und Philippe „Phi-Phi" Etancelin mit Undichtigkeiten des Benzinreservoirs zu kämpfen. Dabei sehen die Vorzeichen gut aus, schließlich fährt „Phi-Phi" im Nachttraining mit dem blau lackierten Alfa die bislang schnellste Runde auf dem Kurs. Sein Durchschnittstempo beträgt über 149 km/h, und das obwohl er zum ersten Mal am Steuer des 8C 2300 sitzt. Chinetti/Etancelin übernehmen die Spitze, bis sie gegen 21:00 Uhr die Box ansteuern müssen und der Alfa Romeo von Rose-Richards vorbei ziehen kann. „Der Tank hätte eigentlich so befestigt werden sollen", erklärt Chinetti, „dass er nicht von den Bewegungen des Chassis beansprucht wird." Doch wie bereits Nuvolari im Vorjahr wissen sich auch Chinetti/Etancelin mit Kaugummi zu helfen: „Es war das einzige Mittel, das das Loch tatsächlich stopfte. Und so standen die Mechaniker in unserer Box allesamt mit den Mündern voller Kaugummi. Doch da fremde Hilfe strengstens verboten war, mussten wir aufpassen..." Als das Auto der Engländer wegen fehlerhafter Beleuchtung von der Rennleitung aus der Wertung genommen wird, fährt der himmelblaue Alfa wieder auf Rang eins. Im Morgengrauen haben Chinetti/Etancelin einen Vorsprung von 17 Runden auf einen Riley. Der Bugatti von Veyron – der einzige ernst zu nehmende Konkurrent ohne einen Alfa Romeo – ist bereits ausgeschieden. Nach dem Rennen und der Siegerehrung füllen die beiden siegreichen Sportler den Tank und fahren mit dem dreckigen Siegerwagen die 450 km nach Rouen, zum Haus von Luigi Chinetti. „Und das Gummi hielt", so der „Herrenfahrer", der seine Passion – die Autorennerei – in Perfektion mit seiner Profession zu verbinden weiß; schließlich ist Chinetti Anfang der 30er-Jahre Alfa Romeo Händler in Paris.

Luigi Chinetti und Philippe Etancelin gelingt der vierte Alfa Romeo Sieg in Folge. Damit nimmt die Mailänder Avantgardemarke einen noch heute achtbaren Platz in der Statistik des einzigartigen Rennens ein. Doch die Geschichte der Renner aus Mailand an der Sarthe ist damit noch lange nicht beendet.

1935 steht erneut eine Alfa-Armada am Start. Und die vier 8C 2300 gelten natürlich erneut als Favoriten. Nach der ersten Runde sieht es so aus, als wären sie erneut unangreifbar: Drei Alfa Romeo liegen in Front. An der Spitze entbrennt ein spannender Dreikampf. Doch wegen verbrannter Zündkerzen fällt Sommer bereits in Runde zwei zurück und überlässt Chinetti die Spitze vor Lewis. Bei Halbzeit – Sommer ist bereits wegen einer verstopften Benzinleitung ausgefallen – führen Lewis/Howe mit ihrem Alfa vor dem Bugatti von Veyron, dem Alfa von „Heldé"/Stoffel und einem Lagonda, einem der insgesamt nicht weniger als 37 britischen Fahrzeuge im 58 Autos starken Feld. Sowohl Veyron als auch Chinetti fallen Achsproblemen zum Opfer. Und auch Howe bekommt Schwierigkeiten: Mit durchgebranntem Kolben stellt der Engländer seinen Alfa kurz nach 5:00 Uhr morgens ab. Nach Kühlwasserverlust verlieren „Heldé"/Stoffel in den letzten beiden Stunden des Rennens drei Runden an der Box und können lediglich zwei davon wieder aufholen. So schlägt die Stunde für den hubraumstarken Lagonda. „Heldé" und Stoffel bleibt die Silbermedaille und der Klassensieg für Fahrzeuge zwischen drei und vier Liter Hubraum.

Mit dem 6C 3000 CM will Alfa Romeo '53 an die Vorkriegserfolge anknüpfen. Doch noch müssen sich die Mailänder gedulden ...

1968 setzt die Alfa-Mannschaft auf Klassensieg und feiert einen formidablen Dreifacherfolg.

1936 schweben düstere Wolken über Europa und es riecht erstmals nach einem Krieg. Das Rennen fällt der damaligen Stimmung zum Opfer und wird nicht ausgetragen. Doch schon im Jahr darauf finden sich erneut 48 Teams, die den Kampf gegen die Uhr aufnehmen. Darunter eins, das auf Alfa Romeo setzt: Raymond Sommer bringt den mittlerweile auf einen Hubraum von 2,9 Litern angewachsenen Achtzylinder an den Start. Es ist ein von Touring wunderschön karossierter Spider. Doch schon in der elften Runde streikt das neue Triebwerk. Aber Sommer wünscht sich einen weiteren Alfa-Triumph und steht auch die beiden letzten Jahre vor dem Krieg am Start. 1938 pilotiert er das aerodynamisch gekleidete 8C 2900 Touring Coupé. Er fällt erneut mit Motorproblemen aus, nicht ohne jedoch zuvor die schnellste Runde des Rennens aufgestellt zu haben. 1939 nennt dann Alfa Romeo erstmals offiziell ein Fahrzeug. Am Steuer des erneut von Hauscouturier Touring eingekleideten Coupés auf Basis des neuen 6C 2500 sitzt abermals Raymond Sommer. Aber auch dieses Mal verfehlt der Wagen nach einem Motorschaden in Runde 173 knapp die Wertung. Dann gehen in Europa die Lichter aus.

Und nach dem Krieg konzentriert sich Alfa Romeo erst einmal auf Grand-Prix-Rennen und die ab 1950 ausgeschriebene Formel-1-WM. Während die Vorkriegsfahrzeuge noch universell einsetzbar waren und sich mit nur wenigen Änderungen gleichfalls für GP-, Langstrecken-, Straßenrennen und Rallyes eigneten, entwickelt sich das 24-Stunden-Rennen von Le Mans zum Betätigungsfeld für Sportwagen und GT-Fahrzeuge. Doch als die Mailänder nach dem Gewinn der ersten beiden Formel-1-Weltmeisterschaften 1950 und '51 neue Betätigungsfelder suchen, ist selbstverständlich auch der französische Marathon wieder erste Wahl. 1952 erscheint mit dem Disco Volante, der „fliegenden Untertasse", ein Aufsehen erregender Sportwagen. Die skurril anmutende vierzylindrige Urversion weicht schnell einem Sportwagen mit sechs Zylindern und drei Litern Hubraum. Juan Manuel Fangio verfehlt damit 1953 nur knapp den Gesamtsieg bei der Mille Miglia. Und Alfa Romeo bringt sechs Wochen danach just diese Coupés an die Sarthe. Aber während der Alfa Romeo Werkspilot Juan Manuel Fangio bei der „Mille" immerhin noch trotz eines gebrochenen Fahrzeugrahmens das Ziel erreicht und den zweiten Rang sichern kann, fällt er in Le Mans bereits nach drei Stunden aus. Und auch die beiden weiteren vom Werk genannten 6C 3000 CM fallen Problemen mit der Kraftübertragung und dem Motor zum Opfer.

Alfa Romeo bündelt seine Kräfte, zieht sich vom Rennsport zurück und entwickelt mit Hochdruck die Giulietta. Und gerade dieses 1300er Fahrzeug erscheint in loser Folge in Le Mans. Die Einsätze sind indes reine Privatangelegenheit einiger Sportwagen-Rennställe wie Conrero, der Scuderia Sant' Ambroeus oder Scuderia Filipinetti, die verschiedene Versionen der leichten Giulietta Sprint mit Zagato-Karosserien an den Start bringen. Populär ist vor allem das in Le Mans wegen seiner Aerodynamik und Richtungsstabilität bei hohen Geschwindigkeiten geschätzte Langheck (coda tronca).

1964 erscheint dann die Scuderia Sant' Ambroeus mit drei Giulia TZ, dem Nachfolger der Giulietta SZ.

Unter der stromlinienförmigen Karosserie mit dem prägnanten Abrissheck verbergen sich ein Gitterrohrrahmen und das 1,6-Liter-Giulia-Triebwerk. Mit einem Klassensieg und zwei Fahrzeugen im Gesamtklassement gelingt der Einstand prächtig. Lediglich der TZ mit der Startnummer 40 dreht sich im Streckenabschnitt Indianapolis von der Piste und onduliert dabei die Fahrzeugfront derart, dass an eine Weiterfahrt nicht zu denken ist.

1965 erscheint dann das Werksteam Autodelta mit drei Giulia TZ. Zwei davon bereits in der neuen, flacheren TZ2-Variante. Die 1,6-Liter-Triebwerke der Werkswagen verfügen bereits über die Doppelzündung, die im GTA für Furore sorgt und später zum Serienstandard für die Alfa Romeo Vierzylinder wird. Für Alfa ist Le Mans allenfalls ein Nebenschauplatz, denn die entscheidenden Rennschlachten werden von der Autodelta-Mannschaft um Carlo Chiti im Tourenwagensport ausgefochten. Mit dem 1965 vorgestellten Giulia Sprint GTA und seinen Ablegern erringen die Tourenwagen aus Mailand nicht weniger als 61 Titel. Doch auch in Settimo Milanese, dem Sitz von Autodelta, wird bereits wieder an Sportwagen gearbeitet. 1967 feiert mit dem Tipo 33 ein reinrassiger Sportwagen-Prototyp seine Premiere. Und der zweilitrige Achtzylinder-Rennwagen kann bereits bei seiner Debütvorstellung, dem Bergrennen im belgischen Fléron, gewinnen.

1968 erscheint der 270 PS starke Rennwagen mit seiner revolutionären Rahmenkonstruktion in einem neuen Design. Die ultraflachen Mittelmotorboliden – die Finnen der Langheck-Version messen vom Boden lediglich 99 cm – feiern Erfolge in Daytona, Mugello und als Langheck auch in Le Mans: Die Startnummern 39, 38 und 40 gewinnen auf Anhieb die ersten drei Plätze in der Klasse bis zwei Liter Hubraum und verfehlen um knapp 50 Kilometer den zweiten Rang im Gesamtklassement.

Nach einem Jahr Abstinenz tritt das Werksteam 1970 erneut mit vier Tipo 33 an. Diesmal allerdings in der Klasse bis drei Liter Hubraum. Gemeinsam mit der

Die Tribünen und Boxenanlagen sind längst modernen Bauten gewichen. Und der Tipo 33/2 ('68) und 33/3 ('70) befinden sich im Museum und in Sammlerhänden.

Squadra von 1968 ist es die stärkste Abordnung, die Alfa Romeo offiziell an die Sarthe schickt. Doch die für die Hunaudières-Gerade erneut mit lang bauender Heckverkleidung versehenen Tipo 33/3 müssen sich am Start hinter einer Armada ungleich hubraumstärkerer Fahrzeuge anstellen: Porsche und Ferrari haben sich zu einem gigantischen Wettrüsten entschlossen und treten mit den zwölfzylindrigen Sportwagen-Monstern 917 und 512 S an. Damit stehen 580 PS und 4494 cm^3, beziehungsweise 550 PS aus 4993 cm^3 Hubraum gegen die 400 PS des 9000 U/min drehenden Alfa-Achtzylinder. Auf einen Gesamtsieg darf die Autodelta-Mannschafft um Carlo Chiti da kaum mehr hoffen. Doch der befindet sich auch nicht im Fokus des italienischen Rennstrategen.

Im selben Jahr produziert die Solar Filmgesellschaft den legendären Le-Mans-Kinostreifen. So befinden sich auch die beiden Filmkontrahenten Michael Delaney und Erich Stahler alias Steve McQueen und Siegfried Rauch an der Strecke. Auf der Strecke fungieren Herbert Linge und Jonathan Williams mit ihrem umgebauten Porsche 908/2 als Kameramänner. An Bord des Spiders befinden sich drei Platz raubende 35-mm-Kameras, die einen Teil der auch heute noch eindrucksvollen Bilder für den Streifen sammeln und so auch den Le-Mans-Einsatz des Alfa Romeo Tipo 33/3 für alle Zeit festhalten. Carlo Facetti und Teodore Zeccoli haben einen kurzen Auftritt im Vorspann und auch im Rennen bleibt ihre Vorstellung nur von relativ kurzer Dauer: Nach nur fünf Stunden fallen sie nahe Start-und-Ziel einer Kollision mit dem Porsche 917 von Mike Hailwood zum Opfer. Die beiden PS-starken Flundern liegen als stumme, verbeulte und zersplitterte Zeugen am Streckenrand... Und sie befinden sich in bester Gesellschaft, schließlich erreichen gerade einmal sieben Autos das Ziel.

Wegen der ungleich verteilten Kräfte überlässt Alfa Romeo 1971 das Feld von vornherein den Kontrahenten aus Stuttgart und Maranello. 1972 jedoch, als die großvolumigen Boliden per Reglementbeschluss nicht mehr erwünscht sind, schickt Autodelta umgehend drei Tipo 33TT3 mit wendiger Spider-Karosserie an den Start. Der Achtzylinder des 650 Kilogramm leichten

Spiders leistet bei 9800 U/min ganze 440 PS und beschleunigt die 96 Zentimeter flache Flunder auf bis zu 330 km/h. Eigentlich ist der Wagen für die Sportwagen-WM konstruiert. Doch Alfa-Tausendsassa Andrea de Adamich sowie Nino Vaccarella verfehlen mit einem vierten Platz in Le Mans nur knapp das Podium.

1973 sagt Alfa Romeo die Teilnahme bei den 24 Stunden ab. Schließlich befindet sich mit dem Tipo 33TT12 bereits eine neue Waffe für die Marken- und Sportwagen-Weltmeisterschaft in der Entwicklung. Carlo Facetti, Teodore Zeccoli und „Pam“ vertreten mit dem von der Scuderia Brescia Corse eingesetzten Vorjahres-Tipo 33TT3 die Farben der Mailänder und beenden die Hatz zweimal um die Uhr auf Rang 15.

1974 heimst dann der keilförmige Tipo 33TT12 mit seinem 500 PS starken Zwölfzylinder-Boxermotor seine ersten Erfolge ein. Das Triebwerk eignet sich vorzüglich für die kürzeren Langstreckenrennen der Sportwagen-WM, findet aber auch – dank Ecclestones Brabham-Rennstall – den Weg in die Formel 1. Die WM-Titel 1975 und ‘77 sowie das überlegene Abschneiden in der ‘78er Saison dokumentieren die Konkurrenzfähigkeit von Alfa Romeo nachhaltig. Doch das ist eine andere Geschichte, denn in Le Mans werden diese Dreiliter-Keile nicht mehr antreten.

1988 entsteht bei Alfa Romeo ein neues Renntriebwerk. Es hat zehn Zylinder, 3,5 Liter Hubraum und leistet bei 12.000 U/min 600 PS. Vorgesehen ist der Motor für eine neue Tourenwagen-Rennserie. Initiator dieser Serie ist Bernie Ecclestone, der sich dadurch neue Lieferanten für die in diesen Jahren dünn gesäten F1-Motoren verspricht. Und dieser Motor eignet sich nicht nur für den Alfa 164 Pro-Car sowie die Formel 1, sondern auch für die damals in der Endurance-WM startenden Gruppe-C-Boliden. Und so entsteht bei Alfa Romeo eben auch ein Gruppe-C-Prototyp. Doch der rote Renner bleibt ein Einzelstück, das durch die Privatisierung der ehemals staatlich gelenkten Marke nicht mehr den Weg auf die Piste findet. Und so bleibt auch das Kapitel Le Mans vorerst geschlossen.

In 21 von den mittlerweile 70 Jahren, in denen die „24 Heures du Mans“ ausgetragen worden sind, stehen die Boliden der Mailänder Marke am Start. Insgesamt 63 Fahrzeuge trugen dabei das einzigartige Logo mit der Schlange der Visconti. Und jedes Dritte davon wurde am jeweiligen Juni-Sonntag vom Rennleiter mit der schwarz-weiß-karierten Flagge empfangen. Mit dieser Quote befindet sich Alfa Romeo noch heute in bester Gesellschaft – und das, obwohl der letzte Start schon nahezu drei Jahrzehnte zurück liegt.

Dem Gruppe-C-Boliden mit Formel-1-tauglichem 3,5-Liter-Zehnzylinder bleibt der Weg auf die Rennstrecke verwehrt.

Alle Alfa Romeo in Le Mans, alle Fahrer, Ergebnisse und Teams

Typ	Fahrer	Ergebnis	Team
1931	**26 Starter, 2 Alfa Romeo**		
8C 2300	Lord Howe, Henry Birkin	Gesamtsieg; 3017,654 km (125,735 km/h)	Howe
8C 2300	Geoffredo Zehender, Attilio Marinoni	Unfall in Rd. 99	Alfa Romeo
1932	**26 Starter, 7 Alfa Romeo**		
8C 2300	Raymond Sommer, Luigi Chinetti	Gesamtsieg; 2954,038 km (123,084 km/h)	R. Sommer
8C 2300	Franco Cortese, Gian Battista Guidotti	2ter; 2927,278 km (121,969 km/h)	Alfa Romeo
6C 1750	(Fr.) Odette Siko, „Sabipa"	4ter, Klassensieg 1501 bis 2000 cm^3; 2417,694 km (100,733 km/h)	Mme O. Siko
8C 2300	Earl Howe, Henry Birkin	Ausfall in Rd. 110 (Kraftstofftank undicht)	Lord E. Howe
8C 2300	„Ano", „Nime"	Unfall in Rd. 25	„Heldé"
8C 2300	Nando Minoia, Carlo Canavesi	schnellste Runde (5'41'' = 142,437 km/h), Unfall in Rd. 22	Alfa Romeo
8C 2300	Attilio Marinoni, Guatta	Unfall in Rd. 14	Prince Djordjadze
1933	**29 Starter, 7 Alfa Romeo**		
8C 2300	Raymond Sommer, Tazio Nuvolari	Gesamtsieg, schnellste Runde (5'31''4 = 146,386 km/h); 3144,038 km (131,001 km/h)	
8C 2300	Luigi Chinetti, Philippe Varent	2ter; 3143,637 km (130,894 km/h)	L. Chinetti
8C 2300	Brian Lewis, Tim Rose-Richards	3ter, 3043,375 km (126,832 km/h)	
6C 1750	André Rousseau, François Paco	8ter, Klassensieg 1501 bis 2000 cm^3, 2260,695 km (93,779 km/h)	A. Rousseau
8C 2300	Louis Chiron, Franco Cortese	Unfall in Rd. 177	M. G. Eyston
6C 1750	Mme Odetto Siko, « Sabipa »	Unfall in Rd. 120	Mme O. Siko
8C 2300	Guy Moll, Guy Cloitre	Disqualifiziert in Rd. 77 (Licht)	G. Moll
1934	**44 Starter, 4 Alfa Romeo**		
8C 2300	Philippe Etancelin, Luigi Chinetti	Gesamtsieg, schnellste Runde (5'41'' = 142,437 km/h); 2886,938 km (120,289 km/h)	Ph. Etancelin, L. Chinetti
8C 2300	Earl Howe, Tim Rose-Richards	Ausfall in Rd. 85 (Kupplung)	Lord E. Howe
8C 2300	Freddie Clifford, A. C. Saunders Davies	Ausfall in Rd. 40 (Motor)	T. Rose-Richards
8C 2300	Raymond Sommer, Emilie Felix	Ausfall in Rd. 14 (Motorüberhitzung, Feuer)	R. Sommer
1935	**58 Starter, 5 Alfa Romeo**		
8C 2300	„Heldé", Henry Stoffel	2ter, Klassensieg 3000 bis 4000 cm^3; 2998,308 km (124,929 km/h)	P. L. Dreyfus
6C 1750	Guy Don, Jean Desvignes	6ter, 2763,818 km (115,154 km/h)	G. Don
8C 2300	Earl Howe, Brian Lewis	schnellste Rd. (5'47''9 = 139,612 km/h), Ausfall in Rd. 129 (Motor)	Lord E. Howe
8C 2300	Luigi Chinetti, Jacques Gastaud	Ausfall in Rd. 116 (Achse)	L. Chinetti
8C 2300	Raymond Sommer, Raymond d'Edrez de Sauge	Ausfall in Rd. 69 (Kraftstoffzufuhr)	R. Sommer
1937	**48 Starter, 1 Alfa Romeo**		
8C 2900 A	Raymond Sommer, Gian Battista Guidotti	Ausfall in Rd. 11 (Motor)	R. Sommer
1938	**42 Starter, 2 Alfa Romeo**		
8C 2900 B	Raymond Sommer, Clemente Biondetti	schnellste Runde (5'13''8 = 154,783 km/h), Ausfall in Rd. 219 (Motor)	R. Sommer
8C 2900 (Monza)	Marcel Horvilleur, Yves Matra	Ausfall in Rd. 52 (Motor)	M. Horvilleur
1939	**42 Starter, 1 Alfa Romeo**		
6C 2500 SS	Raymond Sommer, Prinz « B. Bira"	Ausfall in Rd. 173 (Motor)	Alfa Romeo
1953	**60 Starter, 3 Alfa Romeo**		
6C 3000 CM	Karl Kling, Fritz Rieß	Ausfall in Std. 12 (Motor)	Alfa Romeo
6C 3000 CM	Consalvo Sanesi, Piero Carini	Ausfall in Std. 12 (Kraftübertragung)	Alfa Romeo
6C 300 CM	Juan Manuel Fangio, Onofre Marimon	Ausfall in Std. 3 (Kolben)	Alfa Romeo
1958	**55 Starter, 2 Alfa Romeo**		
Giulietta SVZ	Marcel Lauga, Jean Herbert	Ausfall in Std. 8 (Unfall)	V. Conrero
Giulietta SVZ	Georges Ubezzi, Eric Catulle	Ausfall in Std. 8 (Kraftstoffzufuhr)	V. Conrero

Typ	Fahrer	Ergebnis	Team
1960	**55 Starter, 1 Alfa Romeo**		
Giulietta SZ	Georges Ubezzi, José Rosinski	Ausfall in Std. 10 (Kraftübertragung)	G. Ubezzi
1962	**55 Starter, 2 Alfa Romeo**		
Giulietta SZ	Giancarlo Sala, Marcello de Luca	10ter, 3774,655 km (157,278 km/h)	Scuderia Sant' Ambroeus
Giulietta SZ	Karl Foitek, Riccardo Ricci	Ausfall in Std. 23 (Kupplung)	Scuderia Sant' Ambroeus
1963	**49 Starter, 3 Alfa Romeo**		
Giulietta SZ	Giancarlo Sala, Romolo Rossi	Ausfall in Std. 10 (Kraftübertragung)	Scuderia Sant' Ambroeus
Giulietta SZ	Gianpietro Biscaldi, „Kim"	Disqualifikation in Std. 7 (unerlaubtes, frühes Nachtanken)	Scuderia Sant' Ambroeus
Giulietta SZ	Karl Foitek, Armand Schaeffer	Ausfall in Std. 2 (Zylinderkopf)	Scuderia Filipinetti
1964	**55 Starter, 3 Alfa Romeo**		
Giulia TZ	Roberto Bussinello, Bruno Deserti	13ter, Klassensieg 1301 bis 1600 cm^3, 4128,220 km (172,009 km/h)	Scuderia Sant' Ambroeus
Giulia TZ	Gianpietro Biscaldi, Giancarlo Sala	15ter, 4102,050 km (170,919 km/h)	Scuderia Sant' Ambroeus
Giulia TZ	Fernand Masoero, Jean Rolland	Ausfall in Std. 5 (Unfall)	Scuderia Sant' Ambroeus
1965	**51 Starter, 4 Alfa Romeo**		
Giulia TZ	Nicolas Koob, Roland Finkel	Ausfall in Std. 19 (Motor)	Equipe Grand Ducale Luxembourg
Giulia TZ2	Roberto Bussinello, Jean Rolland	Ausfall in Std. 18 (Motor)	Scuderia Autodelta
Giulia TZ2	Teodore Zeccoli, José Rosinski	Ausfall in Std. 2 (Unfall)	Scuderia Autodelta
Giulia TZ	Carlo Zuccoli, „Geki"	Ausfall in Std. 2 (Motor)	Scuderia Autodelta
1968	**54 Starter, 6 Alfa Romeo**		
Tipo 33/2	Ignacio Guinti, Nanni Galli	4ter, Klassensieg 1601 bis 2000 cm^3, 4326,230 km (180,259 km/h)	Autodelta SpA
Tipo 33/2	Carlo Facetti, Spartaco Dini	5ter, 4231,910 km (176,325 km/h)	Autodelta SpA
Tipo 33/2	Mario Casoni, Gianpiero Biscaldi	6ter, 4097,200 km (170,716 km/h)	
Tipo 33/2	Giancarlo Baghetti, Nino Vaccarella	Ausfall in Std. 12 (Kraftstoffzufuhr)	Autodelta SpA
Tipo 33/2	Teddy Pilette, Rob Slotemaker	Ausfall in Std. 9 (Kraftübertragung)	Racing Team VDS
Tipo 33/2	Serge Troesch, Karl von Wendt	Ausfall in Std. 2 (Motor)	Racing Team VDS
1969	**45 Starter, 2 Alfa Romeo**		
Tipo 33/2	Gustave Gosselin, Claude Bourgoignie	Ausfall in Std. 8 (Unfall)	Racing Team VDS
Tipo 33/2	Teddy Pilette, Rob Slotemaker	Ausfall in Std. 5 (Ölverlust)	Racing Team VDS
1970	**51 Starter, 4 Alfa Romeo**		
Tipo 33/3	Andrea de Adamich, Piers Courage	Ausfall in Std. 20 (Motor)	Autodelta SpA
Tipo 33/3	Rolf Stommelen, Nanni Galli	Disqualifiziert in Std. 18 (Anlasser)	Autodelta SpA
Tipo 33/3	Teodore Zeccoli, Carlo Facetti	Ausfall in Std. 5 (Unfall)	Autodelta SpA
Tipo 33/3	Masten Gregory, Toine Hezemans	Ausfall in Std. 2 (Motor)	Autodelta SpA
1972	**55 Starter, 3 Alfa Romeo**		
Tipo 33TT3	Andrea de Adamich, Nino Vaccarella	4ter, 4179, 632 km (174,151 km/h)	Autodelta SpA
Tipo 33TT3	Vic Elford, Helmut Marko	Ausfall in Std. 20 (Kupplung)	Autodelta SpA
Tipo 33TT3	Rolf Stommelen, Nanni Galli	Ausfall in Std. 19 (Kupplung)	Autodelta SpA
1973	**55 Starter, 1 Alfa Romeo**		
Tipo 33TT3	Carlo Facetti, „Pam", Teodore Zeccoli	15ter, 4076,547 km (169,856 km/h)	Scuderia Brescia Corse

Vorneweg statt nur dabei

Rennsiege auf deutschen Rennstrecken von 1966 bis '69

Der Alfa 147 GTA vervollständigt die Reihe der sportlichsten Alfa Romeo und gibt dem Kürzel neue Inhalte. Heute steht das „A" statt für Allegerrita eher für Adrenalin bei den mit allen erdenklichen Sicherheits-Features ausgestatteten Sportwagen. Und sie haben ebenfalls Namensvettern, die sich auf der Rennstrecke beweisen: Mit dem Alfa 156 GTA gewann Fabrizio Giovanardi erneut die Tourenwagen-EM und seinen nunmehr sechsten Titel in Folge. Und der Alfa 147 GTA dient unter anderem in Italien als Sportgerät im dortigen Alfa 147 Cup. Damit treten sie in die Fußstapfen ihrer Ahnen mit dem identischen Kürzel, die einst weltweit die Pisten beherrschten. Natürlich auch in Deutschland – der Auszug aus der Statistik von 1966 bis '69 ist dafür ein eindrucksvoller Beweis.

1966

DM Berg = Wertungslauf zur Deutschen Bergmeisterschaft für Tourenwagen / DM Ru = Wertungslauf zur Deutschen Rundstreckenmeisterschaft für Tourenwagen

3.4.	Berg Teutoburger Wald Kategoriensieg TW (2. Gesamt)	Gerhard Schüler	GTA	1. DM Berg
17.4.	Bergpreis Heilbronn Gesamtsieg und Kategoriensieg TW	Gerhard Schüler	GTA	2. DM Berg
17.4.	Bergpreis Bad Neuenahr Kategoriensieg TW (2. Gesamt)	Michel Weber	GTA	
24.4.	Krähberg-Rennen Kategoriensieg TW (2. Gesamt)	Gerhard Schüler	GTA	
1.5.	Flugplatzrennen Trier Kategoriensieg TW	Herbert Schultze	GTA	
8.5.	Hansa-Pokal Nürburgring Süd Kategoriensieg TW	Herbert Schultze	GTA	1. DM Ru
15.5.	Bergrennen Eberbach Kategoriensieg TW	Gerhard Schüler	GTA	3. DM Berg
22.5.	Bergrennen Lorch Kategoriensieg TW	„Sommer"	GTA	
22.5.	Bergpreis Wittlich Kategoriensieg TW	Gerhard Schüler	GTA	4. DM Berg
29.5.	100 Meilen Hockenheim Kategoriensieg TW	Herbert Schultze	GTA	2. DM Ru
5.6.	1000 km Nürburgring Klassensieg Sportwagen bis 1600 cm^3 (13. Gesamt)	Lucien Bianchi/Herbert Schultze	TZ2	
19.6.	Mainz-Finthen Kategoriensieg TW	Herbert Schultze	GTA	3. DM Ru
19.6.	Ruselberg-Rennen Klassensieg TW bis 1600 cm^3	Gerhard Schüler	GTA	6. DM Berg
26.6.	Taubensuhl-Bergrennen Klassensieg TW bis 1600 cm^3	Gerhard Schüler	GTA	7. DM Berg
26.6.	Avus-Rennen Kategoriensieg TW	Herbert Schultze	GTA	4. DM Ru
3.7.	GP TW Nürburgring Gesamtsieg	Andrea de Adamich/Teodoro Zeccoli	GTA	
xx.7.	Wasgau-Bergrennen Kategoriensieg TW	Gerhard Schüler	GTA	
24.7.	WAC Hockenheim Kategoriensieg TW	Herbert Schultze	GTA	5. DM Ru
24.7.	Ellerberg-Rennen Kategoriensieg TW	Gerhard Schüler	GTA	8. DM Berg
6.8.	AvD-Nürburgring-Trophäe Klassensieg TW bis 1600 cm^3 (2. Gesamt)	Herbert Schultze	GTA	6. DM Ru
7.8.	Bergpreis Ulm Klassensieg TW bis 1600 cm^3	Fritz Tröndlin	GTA	
14.8.	Flugplatz Wunstorf Kategoriensieg TW	Hanns Bohlmeier	GTA	
28.8.	Hunsrück-Bergrennen Kategoriensieg TW	Gerhard Schüler	GTA	9. DM Berg
11.9.	Rheinland-Pfalz Bergpreis Kategoriensieg TW	Gerhard Schüler	GTA	10. DM Berg
18.9.	Norisring Kategoriensieg TW	Herbert Schultze	GTA	7. DM Ru
18.9.	Sudelfeld-Bergrennen Kategoriensieg TW	Gerhard Schüler	GTA	
25.9.	Eifel-Pokal Nürburgring Süd Kategoriensieg TW	Herbert Schultze	GTA	8. DM Ru
2.10.	Schwäbische Alb Neuffen Klassensieg TW bis 1600 cm^3	Walter Hoyer	GTA	
xx.10.	Klingenring-Bergrennen Kategoriensieg TW	Dieter Fröhlich	GTA	
23.10.	Flugplatz Itzehoe Kategoriensieg TW	Herbert Schultze	GTA	

Herbert Schultze auf Alfa Romeo GTA gewinnt die Deutsche Rundstrecken-Meisterschaft für Tourenwagen
Gerhard Schüler auf Alfa Romeo GTA gewann bei allen Läufen zur Deutschen Bergmeisterschaft für Tourenwagen seine Klasse – bis auf den 5. Lauf (Rossfeld-Bergrennen, 12. Juni), wo er ausfiel. Deshalb kein Titelgewinn.

1967

2.4.	Krähberg-Rennen Kategoriensieg TW	Gerhard Schüler	GTA	1. DM Berg
9.4.	Bergpreis Heilbronn Klassensieg TW bis 1600 cm^3	Fritz Tröndlin	GTA	
9.4.	Taunus-Bergrennen Kategoriensieg TW	Gerhard Schüler	GTA	2. DM Berg
9.4.	Taunus Bergrennen Klassensieg Spezial-TW ü 1300 cm^3	Michel Weber	GTA	
16.4.	Bergpreis Bad Neuenahr Klassensieg TW bis 1600 cm^3	Dieter Fröhlich	GTA	
23.4.	Bergrennen Eberbach Klassensieg TW bis 1600 cm^3	Gerhard Schüler	GTA	3. DM Berg
23.4.	Bergrennen Eberbach Klassensieg Spezial-TW bis 1600 cm^3	Michel Weber	GTA	
30.4.	Flugplatzrennen Faßberg Klassensieg TW bis 1600 cm^3	Herbert Schultze	GTA	
7.5.	Frankenwald-Bergrennen Kategoriensieg TW	Gerhard Schüler	GTA	4. DM Berg
7.5.	Hansa-Pokal Nürburgring Süd Klassensieg TW bis 1600 cm^3	Herbert Schultze	GTA	1. DM Ru
14.5.	Spessart-Bergrennen Klassensieg TW bis 1600 cm^3	Gerhard Schüler	GTA	
21.5.	Wittlicher Bergpreis Klassensieg TW bis 1600 cm^3	Gerhard Schüler	GTA	5. DM Berg
28.5.	1000 km Nürburgring Serge Trosch/Teddy Pilette Klassensieg Prototypen bis 1600 cm^3 (15 Gesamt)		TZ2	
4.6.	Rossfeld-Bergrennen Ignazio Giunti vor Schüler Klassensieg TW bis 1600 cm^3		GTA	6. DM Berg
11.6.	Rheinpokal Hockenheim Klassensieg TW bis 1600 cm^3	Gerhard Schüler	GTA	
11.6.	Bergrennen Rotenburg Kategoriensieg TW	Dieter Gleich	GTA	
18.6.	Mainz-Finthen Klassensieg TW bis 1600 cm^3	Herbert Schultze	GTA	2. DM Ru
24./25.6.	24h Nürburgring vom Kothen/Dieter Gleich 3. Gesamt und Klassensieg		GTA	
25.6.	Avus-Rennen Klassensieg TW bis 1600 cm^3	Herbert Schultze	GTA	3. DM Ru
25.6.	Wasgau-Bergrennen Gesamtsieg	Gerhard Schüler	GTA	7. DM Berg
2.7.	GP TW Nürburgring Jean Rolland/Lucien Bianchi Gesamtsieg		GTA	
23.7.	Taubensuhl-Bergrennen Gesamtsieg	Gerhard Schüler	GTA	
30.7.	Bergrennen Schauinsland Ignazio Giunti vor Schüler Kategoriensieg Tourenwagen (12. Gesamt)		GTA	8. DM Berg
6.8.	Nürburgring GP D Rahmen Klassensieg TW bis 1600 cm^3 (Gesamtsieg TW)	Herbert Schultze	GTA	4. DM Ru
6.8.	Nürburgring GP D Rahmen Klassensieg TW bis 1300 cm^3	Horst Eiteneuer	GTJ	4. DM Ru
13.8.	Flugplatzrennen Wunstorf Klassensieg TW bis 1600 cm^3	Herbert Schultze	GTA	5. DMRu
13.8.	Flugplatzrennen Wunstorf Klassensieg TW bis 1300 cm^3	Hanns Bohlmeier	GTJ	5. DM Ru
20.8.	Mittelrhein Nürburgring Klassensieg bis 1600 cm^3	Herbert Schultze	GTA	6. DM Ru
20.8.	Mittelrhein Nürburgring Klassensieg TW bis 1300 cm^3	Horst Eiteneuer	GTJ	6. DM Ru
27.8.	DMV Mainz-Finthen Klassensieg TW bis 1600 cm^3	Michel Weber	GTA	
3.9.	500 km Nürburgring Kategoriensieg Tourenwagen (6. Gesamt)	Herbert Schultze	GTA	
3.9.	500 km Nürburgring Klassensieg TW bis 1300 cm^3	Toni Brenn	GTJ	
10.9.	100 Meilen Hockenheim Klassensieg TW bis 1600 cm^3	Herbert Schultze	GTA	7. DM Ru
10.9.	100 Meilen Hockenheim Klassensieg TW bis 1300 cm^3	Gerhard Schüler	GTJ	7. DM Ru
10.9.	100 Meilen Hockenheim Klassensieg Spezial TW bis 1600 cm^3	Gerhard Schüler	GTA	7. DM Ru
10.9.	100 Meilen Hockenheim Klassensieg Spezial TW über 1600 cm^3	Siegfried Dau	GTA Kompr.	
10.9.	Flugplatz Ulm Klassensieg TW bis 1600 cm^3	Walter Hoyer	GTA	
10.9.	Flugplatz Ulm Klassensieg Spezial-TW bis 1600 cm^3	Romeo Rubatto	GTA	
17.9.	Rheinland Pfalz Bergpreis Klassensieg TW bis 1600 cm^3	Gerhard Schüler	GTA	9. DM Berg
24.9.	Westfalen-Pokal Zolder Klassensieg TW bis 1600 cm^3	Herbert Schultze	GTA	8. DM Ru
24.9.	Westfalen-Pokal Zolder Klassensieg TW bis 1300 cm^3	Horst Eiteneuer	GTJ	8. DM Ru
24.9.	Schwäbische Alb Neuffen Klassensieg TW bis 1600 cm^3	Gerhard Schüler	GTA	10. DM Berg
1.10.	Hockenheim Klassensieg TW bis 1600 cm^3	Herbert Schultze	GTA	9. DM Ru
1.10.	Hockenheim Klassensieg TW bis 1300 cm^3	Hanns Bohlmeier	GTJ	9. DM Ru
1.10.	Hockenheim Gesamtsieg Spezial-TW	Siegfried Dau	GTA Kompr.	
1.10.	Sauerland-Bergpreis Klassensieg TW bis 1600 cm^3	Gerhard Schüler	GTA	11. DM Berg
8.10	Bergrennen Lautenbach Kategoriensieg TW (2. Gesamt)	Gerhard Schüler	GTA	
5.11.	Flugplatzrennen Celle Klassensieg TW bis 1600 cm^3	Herbert Schultze	GTA	
10.12.	Saisonfinale Hockenheim Gesamtsieg TW	Gerhard Schüler	GTA	

Herbert Schultze auf Alfa Romeo GTA gewinnt die Deutsche Rundstrecken-Meisterschaft
Gerhard Schüler auf Alfa Romeo GTA wird Vierter in der Deutschen Bergmeisterschaft – punktgleich mit dem Deutschen Bergmeister Siegfried Spiess (NSU Wankel Spider). Zum „Verhängnis" wurde ihm, dass er bei den beiden Wertungsläufen Rossfeld und Schauinsland, die jeweils auch zur Europa-Bergmeisterschaft zählten, von Ignazio Giunti, der um den EM-Titel fuhr, im Werks-GTA geschlagen wurde.

1968

31.3.	Taunus-Bergrennen Lorch Klassensieg TW bis 1600 cm³	Reinhard Stenzel	GTA	1. DM Berg
7.4.	Krähberg-Rennen Klassensieg TW bis 1600 cm³	Reinhard Stenzel	GTA	2. DM Berg
7.4.	Hockenheim Jim Clark Klassensieg TW bis 1600 cm³	Dieter Gleich	GTA	1. DM Ru
21.4.	Bergpreis Heilbronn Klassensieg TW bis 1600 cm³	Reinhard Stenzel	GTA	3. DM Berg
28.4.	Eberbach-Bergrennen Klassensieg TW bis 1600 cm³	Reinhard Stenzel	GTA	4. DM Berg
28.4.	Norisring Klassensieg TW bis 1600 cm³	Herbert Schultze	GTA	2. DM Ru
5.5.	Flugplatz Faßberg Klassensieg TW bis 1600 cm³	Herbert Schultze	GTA	3. DM Ru
11.5.	Wallberg-Rennen Klassensieg TW bis 1600 cm³	Reinhard Stenzel	GTA	5. DM Berg
19.5.	1000 km Nürburgring Giovanni Galli/Ignazio Giunti Klassensieg Prototypen bis 2000 cm³ (5. Gesamt)		T33	
9.6.	Rossfeld-Bergrennen Spartaco Dini vor Stenzel Klassensieg TW bis 1600 cm³		beide GTA	6. DM Berg
16.6.	Wasgau-Bergrennen Klassensieg TW bis 1600 cm³	Reinhard Stenzel	GTA	7. DM Berg
16.6.	Zolder Klassensieg TW bis 1600 cm³	Herbert Schultze	GTA	4. DM Ru
23.6.	Mainz-Finthen Klassensieg TW bis 1600 cm³	Herbert Schultze	GTA	5. DM Ru
23.6.	Mainz-Finthen	Herbert Schultze	T33	
30.6.	Avus-Rennen Klassensieg TW bis 1600 cm³	Herbert Schultze	GTA	6. DM Ru
30.6.	Bergrennen Rotenburg/Fulda Klassensieg TW bis 1600 cm³	Reinhard Stenzel	GTA	8. DM Berg
14.7.	Bergpreis Oberpfalz Klassensieg TW bis 1600 cm³	Reinhard Stenzel	GTA	9. DM Berg
28.7.	Schauinsland Klassensieg TW bis 1600 cm³	Reinhard Stenzel	GTA	10. DM Berg
5.8.	Nürburgring Rahmen GP D Rennen wegen Nebels und Regen nicht ausgetragen			(7. DM Ru)
18.8.	Wunstorf Klassensieg TW bis 1600 cm³	Herbert Schultze	GTA	7. DM Ru
18.8.	Wunstorf	Herbert Schultze	T33	
1.9.	500 km Nürburgring Herbert Schultze/„Sommer" Kategoriensieg Tourenwagen (7. Gesamt)		GTA	
1.9.	Bergrennen Happurg Klassensieg TW bis 1600 cm³	Reinhard Stenzel	GTA	11. DM Berg
8.9.	Flugplatz Ulm-Laupheim Klassensieg TW bis 1600 cm³	Herbert Schultze	GTA	8. DM Ru
8.9.	Flugplatz Ulm-Laupheim Klassensieg GT bis 1300 cm³	Dieter Mohr	1300 GT	8. DM Ru
15.9.	Hockenheim WAC Klassensieg TW bis 1300 cm³	Dieter Gleich	GTJ	9. DM Ru
15.9.	Hockenheim WAC Klassensieg TW bis 1600 cm³	Herbert Schultze	GTA	9. DM Ru
6.10.	Bergrennen Sauerland Klassensieg TW bis 1600 cm³	Reinhard Stenzel	GTA	12. DM Berg

Herbert Schultze auf Alfa Romeo GTA gewann die Deutsche Rundstrecken-Meisterschaft
Reinhard Stenzel gewann auf Alfa Romeo GTA 11 von 12 Wertungsläufen zur Deutschen Bergmeisterschaft. Beim Rossfeld-Bergrennen, das auch zur Europameisterschaft zählt, wurde er von Alfa-Werksfahrer Spartaco Dini geschlagen, der um die EM fuhr, und „verlor" deshalb den Deutschen Titel.

1969

13.4.	Hockenheim Jim Clark Klassensieg Tourenwagen bis 1300 cm³	Dieter Mohr	GTAJ	
13.4.	Hockenheim Jim Clark Klassensieg Tourenwagen bis 1600 cm³	Jochen Mass	GTA	
27.4.	Eifelrennen Nürburgring Klassensieg Tourenwagen bis 1600 cm³	Herbert Schultze	GTA	
27.4.	Eifelrennen Nürburgring Klassensieg Tourenwagen bis 1300 cm³	Horst Eiteneuer	GTAJ	
11.5.	Flugplatz Faßberg Klassensieg Tourenwagen bis 1300 cm³	Dieter Mohr	GTAJ	1. DM Ru
11.5.	Flugplatz Faßberg Klassensieg Spezial-Tourenwagen bis 1300 cm³	Gerhard Schüler	GTAJ	
11.5.	Flugplatz Faßberg Klassensieg Spezial-Tourenwagen bis 1600 cm³	Herbert Schultze	GTA	
11.5.	Flugplatz Faßberg Gesamtsieg Sportwagen/Prototypen	Michel Weber	T33	
25.5.	Zolder Rhein-Ruhr-Pokal Klassensieg Tourenwagen bis 1300 cm³	Dieter Mohr	GTAJ	2. DM Ru
1.6.	1000 km Nürburgring Carlo Facetti/Herbert Schultze Klassensieg Sportwagen bis 2000 cm³ (7. Gesamt)		T33	
8.6.	Rossfeld-Bergrennen Kategoriensieg Sportwagen (2. Gesamt)	Michel Weber	T33	EM Berg
15.6.	Hockenheim Rhein-Pokal Klassensieg Tourenwagen bis 1600 cm³	Joe Kretschi	GTA	
15.6.	Hockenheim Rhein-Pokal Klassensieg Tourenwagen bis 1300 cm³	Gerhard Schüler	GTAJ	
21./ 22.6.	24h Nürburgring Friedhelm Coenen/Friedhelm Theissen Klassensieg Tourenwagen bis 2000 cm³ (3. Gesamt)		1750 GTV	
6.7.	GP TW Nürburgring Andrea de Adamich/Spartaco Dini Klassensieg Tourenwagen bis 1600 cm³ (2. Gesamt)		GTA	EM TW
6.7.	GP TW Nürburgring Teodoro Zeccoli/Mario Casoni Klassensieg Tourenwagen bis 1300 cm³		GTAJ	EM TW
7.9.	500 km Nürburgring Klassensieg Tourenwagen bis 1300 cm³	Dieter Weizinger	GTAJ	
7.9.	Flugplatz Niederstetten Klassensieg Tourenwagen bis 1300 cm³	Dieter Mohr	GTAJ	5. DM Ru
14.9.	Hockenheim AvD-Preis Klassensieg Tourenwagen bis 1300 cm³	Moscatelli (CH)	GTAJ	6. DM Ru
4.10.	Flugplatz Rendsburg/Hohn Klassensieg Tourenwagen bis 1300 cm³	Reinhard Stenzel	GTAJ	7. DM Ru